浙江省“十三五”一流学科“应用经济学”研究成果

浙江省重点创新团队“现代服务业创新团队”研究成果

浙江省哲学社会科学研究基地“浙江省现代服务业研究中心”研究成果

浙江树人大学青年博士创新计划项目

“长三角一体化视角下的区域雾霾治理路径研究”阶段成果

浙江树人大学青年学术团队项目

“乡村振兴战略下农村产业融合发展研究”阶段成果

浙江树人大学著作出版基金资助成果

服务业与服务贸易论丛

THE PATH OF HAZE CONTROL

IN BEIJING–TIANJIN–HEBEI REGION

京津冀雾霾治理路径研究

吴 妍◎著

ZHEJIANG UNIVERSITY PRESS
浙江大学出版社

总 序

以服务业和服务贸易为主要内容的服务经济迅速崛起，成为20世纪中叶以来世界经济发展的显著特征。服务业和服务贸易在国民经济中的比重不断上升，成为促进国民经济效率提高和国民产出总量增长的主导力量。

把服务业作为一个完整概念提出并进行系统的理论研究，是20世纪才开始的。分处不同时代的西方经济学家从不同角度揭示了人类社会发展过程中，国民生产总值的最大比例从第一产业转向第二产业，进而转向第三产业——服务业的客观规律性。20世纪80年代中后期，西方发达国家服务业的比重普遍超过了60%，并呈现持续增长的态势，服务经济被纳入国民经济整体中进行考察。关于服务的理论研究也不断深化。国内学者对服务经济的理论研究始自20世纪60年代，服务的性质、服务的价值创造、服务业在国民经济中的地位和作用、服务业各行业发展的理论与实践研究、服务业与服务贸易竞争力分析等都被纳入研究范畴。随着服务业和服务贸易在我国经济结构调整、发展方式转变和经济社会可持续发展中的重要性越来越突出，服务经济研究也日益被人们所重视，研究深度和广度也在不断扩大。

浙江树人大学研究团队从2000年开始致力于现代服务业、国际服务贸易研究，是国内较早专门从事服务经济领域研究的学术团队之一，研究成果获第四届教育部人文社会科学优秀成果二等奖、全国商务发展研究成果优秀奖、第十三届浙江省哲学社会科学优秀成果一等奖、浙江省高校科研成果一等奖等奖项。目前，浙江树人大学现代服务业研究团队是浙江省重点创新团队，“浙江省现代服务业研究中心”是浙江省哲学社会科学研究基地，“应用经济学”学科是浙江省“十二五”重点学科，“国际经济与贸易”专业因服务贸易人才培养特色获得“国家特色专业”和“浙江省优势专业”称号。“服务业与服务贸易论丛”是上述创新团队、基地、学科和专业建设的成果，也是团队近年刻苦研究的结晶。

在“服务业与服务贸易论丛”出版之际，衷心感谢浙江省委宣传部、浙江省社科联、浙江省教育厅和浙江树人大学各级领导的关心和支持，感谢中国社会科学院财经战略研究院服务经济研究室、中山大学第三产业研究中心等学术界同仁的帮助，感谢研究团队所有成员的辛勤付出。期待得到学界同行和读者们的批评指教。

夏　晴

2013年3月

目　录

第一章 导 言

改革开放以来，中国经济经历了几十年持续快速发展，取得了举世瞩目的成就，也付出了巨大的环境代价，最显著的就是近年来愈演愈烈的、几乎覆盖全国的大气污染，说明中国也走上了一条先污染后治理的经济发展之路。

中国现阶段的大气污染①主要表现形式为霾污染（或者灰霾污染）。霾一般被定义为大气中能见度不超过10公里的一种空气普遍浑浊的现象。霾的组成成分十分复杂，主要包含PM2.5（细颗粒物）、硫酸盐、硝酸盐、铵盐、含碳颗粒、重金属、地壳物质等污染物，因为大部分有害物质都附着在PM2.5上，所以说PM2.5是霾最主要的污染物，危害最大，因而本书以PM2.5为研究对象。尽管严格来说雾与霾是两种不同的现象，但由于中国习惯将二者合在一起统称为雾霾，为了顺应大众的习惯，本书在研究过程中不严格加以区分，即后文提到霾、雾霾、PM2.5时，均指同一事物，不做区分。

第一节 研究背景

经追溯，中国的霾污染并不是最近几年才出现的，20世纪90年代国

---

① 按照国际标准化组织（ISO）的定义，"大气污染是指由于人类活动或自然过程引起某些物质进入大气中，呈现出足够的浓度，达到足够的时间，并因此危害了人体的舒适、健康和福利或环境的现象"。广义的大气污染包括室内和室外的空气污染，本书主要探讨室外空气污染。

内就有相关人士注意到中国几大城市的PM2.5浓度过高。2011 年 9 月，在世界卫生组织(WHO)发布的 91 个国家 1100 个城市空气质量及排名中，有中国的 32 个城市，这些城市空气的PM10浓度排在 812～1058 位，北京排名倒数第 66 位。可见当时，中国大气污染已经相当严重，远超大部分国家。自从 2012 年国务院要求各地环保部门正式向社会公布大气污染中的PM2.5浓度值以后，监测结果显示 2013 年 1 月以来，中国 17 个省市 6 亿多人口受雾霾的危害，北京PM2.5指数在秋冬季节经常显示六级严重污染，天津和河北地区的大气污染更为严重。据中国环境保护部发布的 2014 年重点区域和 74 个城市空气质量状况报告，空气质量最差的前 10 位城市中有 8 座属于京津冀地区，而且京津冀地区PM2.5年平均浓度高达 $93\mu g/m^3$，大大超过世界卫生组织第一过渡阶段的标准①，名副其实是中国雾霾污染最严重的地区。

WHO 研究证明，人群暴露于直径 10 微米或更小的颗粒物质中能导致心血管和呼吸道疾病以及癌症发病率增加。而且该组织估算，2012 年世界上与室外空气污染有关的过早死亡人群(患者、病人)中约 72%是因为缺血性心脏病和中风，14%是由慢性阻塞性肺病或急性下呼吸道感染所致，14%是由肺癌所致。

在中国，宛悦(2005)认为中国大气污染已经严重损害了当地居民的健康以及地方经济，如果不采取任何大气污染控制政策手段，她估计中国大气污染造成的损失将从 2000 年占 GDP 的 0.37‰大幅提高到 2020 年占 GDP 的 1%。曹彩虹、韩立岩(2015)通过研究得出结论：2003 年北京雾霾导致的健康损失大约是 31 亿元，占到地方 GDP 的 0.62%；到 2013 年，损失将达 111 亿元，占地方 GDP 的 0.72%。京津冀地区严重的雾霾天气频繁发生，不仅影响了京津冀地区特别是首都北京的国际形象和影响力，也给该地居民带来巨大的健康损失与经济损失。

为了治理雾霾污染，解决首都的“心肺之患”，中国政府连续出台多项大气污染治理政策，例如《中华人民共和国大气污染防治法》《大气污染防治行动计划》，并大力推进京津冀地区协同发展协同治理，实施区域

① 根据 WHO(2006)，第一过渡阶段标准是PM2.5的年平均浓度为 $35\mu g/m^3$，长期暴露在该水平的大气污染下的死亡率比空气质量准则(AQG)水平下的死亡率会提高 15%，AQG 水平下的PM2.5年平均浓度为 $10\mu g/m^3$。

大气污染联防联控。这些政策无一不彰显出了中央及北京市政府治理雾霾污染的决心。国务院在2013年9月发布的《大气污染防治行动计划》中提出：经过五年的努力，使全国空气质量得到总体改善，重污染天气较大幅度减少；要使京津冀区域空气质量明显好转；再用五年或者更长时间，让全国空气质量明显改善。国家环境保护部更是在2013年年初宣布要力争2030年之前将中国所有城市的空气质量达到国家二级标准水平的具体目标，这意味着要将PM2.5年平均浓度下降到35$\mu g/m^3$以下。

本书正是基于京津冀区域严重的雾霾污染以及中央新确定的京津冀协同发展两大背景，针对雾霾污染的产生进行分析，挖掘PM2.5污染与经济发展之间的关系，进一步研究雾霾污染对居民的影响以及居民对污染治理意愿等一系列问题。在对国内外成功治理经验总结的基础之上研究提出PM2.5治理对策，并通过构建区域动态可计算一般均衡(CGE)模型，模拟治理对策产生的影响，最终得到京津冀雾霾污染的最优治理路径。

第二节　研究意义

雾霾污染影响着每一个人的健康、工作、学习与生活，进而影响着国家地区经济、社会稳定、人民幸福，影响着国家的长期可持续发展，这是生活在污染之中的每一个人都无法忽视和回避的问题，本书的研究意义表现在以下几个方面。

第一，由于中国的经济发展到了一定程度，长期以来高速而粗放的发展方式积累的巨大环境“负债”逐渐显现。京津冀地区作为全国雾霾污染最严重的地区，又是首都及直辖市与北方工业大省所在地，在中国的地位举足轻重，研究该区域雾霾的成因与经济发展的关系及治理有十分重要的现实意义。

第二，人们对经济发展与二氧化硫(SO_2)排放间的关系研究较多，而对雾霾污染与经济发展之间的关系研究则相对较少，所以本书对京津冀地区的经济发展和雾霾污染的关系展开研究，使得我们更加清楚目前京津冀地区的雾霾污染处于什么阶段，是不断加重还是正在减轻，对于雾霾治理具有指导意义。

第三，本书采用条件均值法研究了京津冀区域居民平均支付意愿及其影响因素，通过问卷调查获得居民对污染治理的观点及对治理政策的态度，十分具有现实意义与政策参考价值。

第四，由于大气污染有区域传播性，而且北京、天津与河北三地之间没有明显的对流阻隔，所以各省市独立治理大气污染的合理性不足；从过去几年的治理结果来看，各自为政的治理效果有限，在这一背景下，中央在2014年将京津冀协同发展定位为国家重大国策，对京津冀三省市的发展和定位进行了重新定义，从而给污染治理提供了一个全新的机遇与研究背景。所以从京津冀协同的视角研究雾霾治理更具有实际意义与学术价值。

第五，政策、理论最终需要落实到现实与实践中才有意义。在对污染治理的研究中，本书并不局限于理论上的分析和探讨，而是通过构建区域动态CGE模型，模拟不同治理政策的PM2.5治理效果和经济冲击程度，研究结论具有重要的政策参考意义。

第三节　研究的主要内容

本书的研究内容共分九个部分，结构安排如下：

第一章“导言”，介绍本书的研究背景、研究意义以及研究的创新之处，对研究所采用的研究方法、技术路线及本书结构等进行说明。

第二章“文献综述”，从大气污染对人体健康和经济发展的影响，大气污染与经济发展之间关系，居民对大气污染治理的看法与支付意愿，大气污染治理措施，以及环境有关的一般可计算均衡模型的构建与政策冲击分析等方面进行文献综述。

第三章“京津冀雾霾污染形势与成因”，研究了中国雾霾污染认识过程，分析了京津冀雾霾污染来源特点及形成的原因。本书主要从经济原因、行政原因以及地理气候原因三个方面进行分析与论述。

第四章“京津冀经济发展与大气污染的关系”，对京津冀地区经济发展与大气污染之间的发展规律与关系展开研究。基于北京、天津与河北省(或石家庄市)三地的人均 GDP、人均 SO_2 排放以及PM10年均浓度的时间序列数据,建立平方回归模型与立方回归模型,研究京津冀地区经济发展与大气污染排放(或污染物浓度)之间的关系,并验证是否符合环境库兹涅茨曲线(Environmental Kuznets Curve,EKC)假设。结果证明京津冀区域人均 SO_2 排放与经济发展呈现倒 U 形关系,与 EKC 假设一致,且当前处于曲线的下降阶段;而PM10污染与经济发展的关系则呈现 N 形或者 U 形关系,且北京、天津、石家庄三地当前均处于污染加重阶段。

第五章"京津冀居民的雾霾治理和支付意愿",利用条件估值法(Contingent Valuation Method, CVM)调查了北京市、天津市与石家庄市的居民对雾霾治理的观点、对政府的大气治理有关政策的态度,以及对PM2.5治理的支付意愿,而后通过建立 Probit 模型与区间回归模型,估计京津冀区域居民的平均支付意愿。研究中着重分析了各影响因素对居民支付意愿产生的影响。

第六章"京津冀雾霾治理对策分析",论述了京津冀治理大气污染联防联控的必要性;而后结合国内外的成功治理经验分析京津冀大气污染治理联防联控的可行性;最后从京津冀协同发展视角提出多种治理对策建议。

第七章"京津冀区域动态可计算一般均衡模型的构建",在 2010 年全国 30 个城市 30 个部门的投入产出表的基础上研究构建了京津冀区域动态 CGE 模型,并对模型主要板块、污染物排放板块、模型的闭合方式以及动态链接设置等进行详细说明。

第八章"京津冀雾霾治理路径分析",基于第七章的模型,对征收二氧化硫税(以下简称硫税)、特定行业的消费税、行业补贴、区域利益补偿等共九种单独及综合情景进行模拟,分析了PM2.5治理效果和对经济产生的冲击,研究经过对比给出可以达到政策目标的最优方案。

第九章"研究结论与展望",总结了本书的主要研究工作,阐明了本研究的主要结论,并展望进一步研究的前景。

第四节 研究的创新点

对于北京、天津、河北地区严重的大气污染,过去不乏有许多学者分别对单个省市展开研究,然而由于大气污染存在区域传播性,而且三地之间没有明显的对流阻隔,这样分别研究京津冀区域内某一省市大气污染治理显得合理性与实用性不足。2014 年,中央将京津冀协同发展定为重大战略决策,出台了具体的规划,为京津冀区域的大气污染治理提供了一个全新的研究背景。本书就是在这一新的研究视角下对京津冀地区雾霾污染的相关问题进行展开的,本研究的创新点主要有以下方面。

首先,研究区域的创新。如前所述,国内以往的大气污染治理领域的研究一般着眼于全国,或者某个省市,对于大气污染可扩散性的特点甚少有学者考虑。由于京津冀的大气相通,各地大气污染之间相互影响,从而进行某一地污染治理的效果有限,将相邻区域联合考虑综合治理才是终极解决方案。这一观点已经有学者提及,但是还未有学者展开具体研究。本书的创新点之一就是从京津冀协同发展的视角研究区域的雾霾污染治理。

其次,研究对象的创新。过去对雾霾污染与当地经济发展之间的关系研究中,研究对象一般集中于 SO_2、氮氧化物(NO_x)、粉尘等,或者从二氧化碳(CO_2)排放的角度进行讨论,对颗粒物的污染情况缺乏讨论。本研究将目前的首要污染物PM2.5纳入研究对象,研究颗粒物污染与经济发展之间的关系,并与 SO_2 排放和经济发展关系作对比,验证京津冀地区的雾霾污染是否符合 EKC 假设,并分析拐点的存在及性质,研究思路与结论均有创新。

再次,本研究中使用 CVM 调研,估计了京津冀地区居民对治理大气污染的平均支付意愿,并对影响因素进行了分析,以此结果作为治理大气污染的社会成本参考值,为政策制定提供参考依据。

最后,将政府税收新方向——向高耗能产业征收消费税以及进行京津冀区域间利益补偿作为情景之一纳入研究范围,并构建区域动态 CGE 模型,模拟这些新政的实施效果。

第二章　文献综述

大气污染属于环境污染范畴中的一种，从环境经济学角度看，是经济发展到一定阶段必然出现的问题。人们对大气污染从发现到研究再到了解的过程一般表现为：首先，关注大气污染对人体健康及经济的影响；其次，分析大气污染的原因，研究大气污染与经济发展之间的关系；再次，研究污染治理及可采取的措施；最后，思考和研究污染治理措施对经济的影响。本书亦是从这四个方面展开文献综述的。

第一节　颗粒物污染对人体健康和经济影响的综述

大气污染能够直接危害人类健康，对社会造成损失，因此对不同污染程度带来的损害程度的衡量是经济学者们所关注的主要研究课题之一。世界卫生组织(2006)在颗粒物对人体健康危害方面做了翔实的研究，结果证明大气颗粒物浓度过高对人体健康的影响表现在很多方面，其中最主要的是呼吸系统和心血管系统受到影响。研究证明，随着颗粒物暴露水平的增加，各种健康效应的风险也会随之升高。世界卫生组织给定的空气质量准则(AQG)水平对应PM2.5年平均浓度为 $10\mu g/m^3$，对于超过这一浓度水平，比如长期暴露在PM2.5年平均浓度为 $35\mu g/m^3$ 水平下人的死亡率会比 AQG 水平下的死亡率提高 15%，这是第一过渡时期(IT-1)的标准；第二过渡时期(IT-2)标准对应的PM2.5年平均浓度为 $25\mu g/m^3$，长期暴露在这样的大气中，人的死亡率将比第一过渡阶段下的死亡率下降 6%(见表 2.1)。同样的对于第三过渡时期(IT-3)标准，若人长期暴露于PM2.5年平均浓度为 15μg/m³ 的大气中，其死亡率将比第一过渡时期下降 6%。不过当前中国PM2.5年平均浓度比第一过渡时期下的PM2.5浓度水平还要高出许多，对于京津冀地区而言，更为严重。

表 2.1 世界卫生组织有关 PM 的大气质量标准和过渡目标(年平均浓度)

	PM10浓度/(μg/m³)	PM2.5浓度/(μg/m³)	死亡率
IT-1	70	35	长期暴露在该浓度的大气中比 AQG 标准下的死亡率增加 15%
IT-2	50	25	比 IT-1 水平的死亡率会下降 6%
IT-3	30	15	比 IT-2 水平的死亡率会下降 6%
空气质量准则(AQG)	20	10	保证心肺和肺癌死亡率在 95% 的置信水平下不因污染增加的 PM 最高浓度

数据来源：世界卫生组织(2006)

宛悦(2005)利用可计算一般均衡(Computable General Equilibrium, CGE)模型模拟了 2000 年至 2020 年 TSP 与 SO_2 排放的治理结果。结果认为，2000 年中国因大气污染而损失的劳动力达到总劳动力的 0.64‰，因大气污染带来的健康危害造成的经济损失占整个 GDP 的 0.37‰。如果不采取任何手段进行大气污染治理，到 2020 年，后者比例将达到 1%。世界银行(2007)的研究结果表明，在使用人均 GDP 的当前价值量来为过早死亡者剩余人生进行估价的情况下，2003 年大气污染造成的过早发病以及过早死亡带来的经济负担保守估计为 1573 亿元人民币，约占 GDP 的 1.16%；而如果使用统计寿命的价值，即 100 万元来为过早死亡估价，并以此反映人们对避免致命风险的支付意愿，那么与大气污染有关的损失约占 GDP 的 3.8%。

2016 年世界银行发布的研究报告也显示，空气污染已成为引发过早死亡的第四大风险因素。报告称，2013 年全球因空气污染引发疾病而丧命的人数达 550 万，空气污染给全球造成 2250 亿美元的劳动收入损失，其中，东亚—太平洋和南亚两大地区是全球因空气污染遭受福利损失程度最为严重的地区。在中国，室内和室外空气污染所造成的经济损失占 GDP 的 10%左右。

第二节　大气污染与经济发展之间关系的综述

过去，学者们一直在努力寻找环境污染与经济发展之间的关系，并试图量化它，例如，Selten、Song(1992)还有 Holtz-Eakin、Selden(1995)利用二次回归模型估计大气污染物排放与国民收入水平之间的关系。世界银行(1992)在发展报告中也报告了环境质量与国家 GDP 之间的关系。这两项研究都得出了环境恶化与收入存在倒 U 形关系的结果，即在低收入阶段时，污染情况随着收入的增长不断恶化加重；而处于高收入阶段时，收入的提高则伴随着环境的改善。同一时期，Grossman、Krueger(1993)在研究墨西哥的贸易自由化对环境的影响时，采用 42 个国家数据研究城市空气质量与经济增长之间的关系。结果发现三种大气污染物(SO_2、悬浮颗粒和烟尘)中，SO_2和烟尘与人均 GDP 在低水平国民收入阶段，污染物浓度随着人均 GDP 的增加而上升；而到了高收入阶段，会随着人均 GDP 增长而下降，也呈现倒 U 形的曲线。后来，Grossman、Krueger(1995)进一步使用简化回归模型研究了发达国家以及发展中国家的城市人均收入与各项环境指标之间的关系。研究结果证明对于大部分环境指标而言，经济增长在初期会加剧环境的恶化，但是到后期却伴随着环境质量的改善，呈倒 U 形关系。类似的研究还有很多，比如最著名的 Panayoyou、The dore(1997) 在 Kuznets(1955)提出的库兹涅茨曲线(Kuznets Curve)的基础上研究提出了环境库兹涅茨曲线(EKC)，揭示了人均收入与环境污染之间存在倒 U 形的曲线关系。其后，不断有学者希望验证某些国家或者某些城市是否符合 EKC 假说。例如 List Gallet(1999)曾使用美国 1929—1994 年的数据对美国不同州的 EKC 进行了分析，他发现不同州的转折点并不相同，证明美国每个州的污染路径是不一致的。

不过，并不是所有的研究都验证了这一关系。也有不少学者发现，某些国家或者城市的经济发展与污染情况并不符合 EKC 的倒 U 形曲线关系假说。他们的研究结论有些是二者曲线关系呈现 N 形，即越过拐点之后，当发展到了收入的更高阶段时，环境出现恶化，或者是经济与污染之间的关系呈现U形关系，表明经济的快速增长会导致环境污染日益严峻，说明经济的发展势头是令人忧虑的，应该采取相应的治理手段才能降低污染(彭水军、包群，2006)。也有些研究结果得出的关系曲线呈倒V形，即存在一个阈值，小于该阈值时，污染和收入呈正相关关系；而过了该阈值，二者则呈反向关系。与倒U形曲线相比，倒V形曲线更为突变，学者们认为二者之间呈倒V形关系的研究有很多。例如John、Pecchenino(1994)研究了低收入与优质环境的经济社会世代交叠模型，他们不进行环境投资，当环境质量随着经济增长恶化到一定程度时，经济就转移到正的环境投资，然后环境随着经济增长而改善，如此的关系就是倒V形关系。Stokey(1998)使用静态优化模型也得到污染与经济发展之间存在倒V形曲线关系，此研究认为在达到某个阈值收入之前，社会使用的一般是脏技术，随着经济活动的发展以及污染的加重，达到某个阈值收入之后，清洁技术开始使用和普及，从而使得经济发展带来的污染减轻。Jaeger(1998)通过在消费者偏好中考虑阈值，亦得出倒V形曲线关系。在该消费者偏好的阈值之前，提高环境质量的边际好处非常小，随着污染的加重，超过该阈值之后，环境质量将会得到改善。得到倒V形关系研究结论的还有Aslanidis、Xepapadeas(2006)，他们使用面板数据进行静态平滑转换回归，在对1929—1994年美国48个州的SO_2和NO_x进行研究后，发现SO_2污染和收入之间的关系有稳健的倒V形路径，在经济发展的较高和较后面阶段达到最高点，而NO_x排放在开始阶段随着经济的增长而增长，在经济发展的后阶段，随着收入的增长NO_x排放增长速度只是减缓但是没有下降。

随着中国环境问题的凸显，国内经济学者也开始研究中国的经济—污染之间的关系。彭立颖等(2008)利用1981—2005年间的时间序列数据作为样本研究了上海市经济增长与环境污染(烟尘排放量、工业废水排放量和SO_2排放量等污染指标)的关系，研究中同时采用了平方、立方回归方程模拟了经济增长与环境污染之间的关系，并分析了上海市一些环境管理工作对拐点的影响。研究结果表明，这四种环境指标与人均GDP的曲线关系呈现典型的EKC特征，即倒U形关系；并且估算出了烟尘污染的拐点出现在人均GDP为204美元之处，SO_2污染的拐点出现在人均GDP为3325美元之处。

陈妍、杨天宇(2007)把平方、立方回归方程用于研究北京市的经济增长与大气污染水平之间的关系，研究中采用1985—2004年北京市人均GDP与SO_2排放量的数据，研究证明北京市的经济增长与大气污染水平之间的关系符合环境库兹涅茨曲线(EKC)所描述的倒U形曲线关系。使用这一研究方法的还有张成、朱乾龙、同申(2011)，在研究中国环境污染和经济增长的关系时，结论表明全国的SO_2排放与人均GDP存在倒U形关系，符合EKC假设，而且研究得出的拐点出现在人均GDP为6639元(1990年不变价)之处。

林伯强、蒋竺均(2009)采用对数形式的二次多项式模型研究了CO_2的环境库兹涅茨模型分析，研究采用的是1960—2007年人均CO_2排放与人均收入的数据。结果证明经济发展与CO_2排放二者之间的关系符合EKC假设，并且拐点出现在人均GDP为37170元时。姚昕(2008)采用面板数据对污染—经济之间的关系进行研究，研究使用PSTR模型，模拟结果证明在不同经济发展阶段，经济增长、工业化与大气环境质量的关系存在机制转移效应。在低收入和高收入阶段经济增长与大气污染基本表现为线性关系；在中等收入阶段，表现为非线性关系，并以收入阈值为界，在新旧机制之间平滑转移。而且认为SO_2与经济增长之间呈N形关系，即随着经济增长，环境质量要经过恶化—改善—再恶化的反复。

也有部分研究结果认为EKC是不存在的。马丽梅、张晓(2014)采用中国31个省份的数据建立了空间EKC回归模型，研究认为雾霾污染与环境发展的倒U形关系不存在或者还未出现。马树才、李国柱(2006)使用中国1986—2003年工业废气与真实人均GDP的数据，研究认为人均GDP与环境污染程度指标的EKC关系并不存在。

可见，世界各国或地区的环境与经济增长之间并无统一的关系，倒U形关系也并非适用于任何国家(地区)的任一发展时期。研究二者之间的关系需要具体问题具体分析。鉴于京津冀地区严重的雾霾污染，本研究打算通过实证研究找到该区域大气污染与经济增长之间的关系，验证此关系是否符合倒U形EKC曲线假说，有关这方面的研究在本书的第四章。值得注意的是过去此类的研究中，主要针对CO_2，水环境和SO_2，悬浮颗粒物(SPM)，NO_x等环境污染对象，迄今为止，对于目前首要污染物PM2.5与区域经济的发展关系尚无研究文献研究。本书将对这一关系展开研究。

第三节　大气污染治理支付意愿的研究综述

由于大气污染影响到人民和国家的方方面面，所以了解居民对PM2.5治理的态度和意见有十分重要的意义。考虑到大气污染对健康危害大、治理周期长、耗资巨大，资金来源是一个值得研究的重大问题。为此，国内许多专家学者对居民关于治理大气污染的支付意愿颇感兴趣。条件估值法是一个基于调查研究的方法，用来估计不在传统市场上交易的货物的支付意愿（Willingness to pay, WTP）（亚洲发展银行，2013）。因此，该方法是一种有效的评估环境物品商品价值的方法，已被西方国家广泛使用，如今也经常被用于发展中国家对不断加重的环境污染问题的研究。

Dziegielewska、Mendelshn(2005)在估算波兰居民对降低波兰空气污染支付意愿时采用了CVM，降低25%和50%的大气污染的假设情景之下估计的居民支付意愿约占人均GDP的0.77%和0.96%。Lee等(2011)使用CVM调查韩国首尔的居民对降低5/10000的大气污染风险的支付意愿，研究估计首尔居民的平均支付意愿为每月20.20美元。Ndambiri等(2015)使用支付卡片格式来获取受访者对通过降低肯尼亚内罗毕市机动车的排放以提高空气质量管理的偏好。该研究估计内罗毕市居民对大气质量提高的平均支付意愿为396.57肯尼亚先令（约合4.67美元），估计模型使用的是probit模型与区间回归模型相结合的两部模型。Eric Jamelske(2014)称支付意愿调查被经济学家广泛地应用在确定环境物品价值上，它作为评估大众对环境政策的支持度的方式也被广泛接纳。文章建立的支付意愿的模型形式为$WTP=\beta x+\varepsilon$，并使用Stata进行支付意愿的估计。

中国亦有不少学者使用CVM研究大气污染治理方面的支付意愿。Wang、Mullahy(2006)使用竞价游戏（bidding game）获取重庆居民对降低大气污染的城市项目的支付意愿，该项目设置的情景为治理大气污染，从而降低1/4的未成年人死亡人数。该研究使用两部模型，估计得到居民的平均支付意愿大约为每人每年14.3元。Wang等(2006)采用开放式问题格式询问北京市民对减少50%的大气有害物质以提高空气质量的支付意愿，通过模型估算，居民的平均支付意愿约为每户每年142元。Wang、Zhang(2009)在问卷中使用开放问卷格式，通过probit模型以及逐步回归模型，估算得到济南市的平均支付意愿约为每人每年100元。曾贤刚等(2015)也研究了北京市对控制大气污染的支付意愿，他们得到的结论是为减少30%和60%的PM2.5的浓度居民的支付意愿大约2.78元/月和39.82元/月。李莹(2001)发放了1500份问卷进行支付意愿的问卷调查，调研结果表明，这些被抽样居民在目前大气污染物质浓度降低50%的假设情景下的平均支付意愿是每户每年143元(1999年价格)，这个金额大约相当于被调查居民家庭年收入的0.7%~0.8%。该区域居民总支付意愿是3.36亿元/年(1999年价格)。

第四节　协同发展视角下大气污染治理措施研究

对于大气污染的治理，国外发达国家已经有很多成功的经验。吴治功(2014)总结了英美日本及欧洲国家雾霾发生的原因，详细地研究了各国的治理措施，总结起来治理的经济手段主要分为以下几个方面：引入市场机制，采用排污许可证制度或者对污染排放征税；采取区域联防联控治理；产业转移和人口转移相结合，降低城市中心人口、车辆和工业密度；减少汽车使用和控制车辆排放，促进清洁能源等环保技术的发展与利用等。姜亦华(2010)认为日本东京大气污染治理成功的经验在于将产业结构从资源密集型向技术和知识密集型升级；将能源结构从高硫燃料向低硫和脱硫化转化和发展以及全面利用节能技术的标本兼治手段。顾向荣(2000)将英国伦敦治理大气污染经济方面的举措总结为：改变能源结构、疏散人口和工业企业、提高机动车停车费用等。代双杰(2014)指出欧美国家在经济刺激政策选择方面存在很大差别，欧洲国家特别是北欧国家比较倾向使用环境税政策，并且有通过税收手段增加收入，发放社会福利的传统，比如征收碳税、硫税、NO_x排放费等。美国则因崇尚自由市场经济,对环境税收比较谨慎,所以创设了排放权交易制度。两种不同的政策选择源于欧美国家不同的历史和传统。汪旭颖等(2014)总结出美国联邦政府注重强化重点源减排、多污染物协同控制、区域联合治理,在清洁空气法体系下制定了多项清洁空气专项条例,针对不同行业、不同区域的颗粒物以及颗粒物的前体物(SO_2、NO_x等)的排放出台了严格的控制规定。而且,联邦政府针对企业制定了严格的违规处罚机制,以增加对颗粒物污染防治政策的法律保障力度。可见,传统意义上,征收环境税、进行补贴以及进行污染物排放权交易是污染治理的三大主要经济手段。针对大气污染的强流通性特点,治理经验表明联防联控效果远优于行政区划各自为政单独治理的效果。

对于霾污染的治理,国内学者提出了许多不同的政策建议。有的建议征收碳税和硫税,有的建议建立 CO_2或者 SO_2排放权交易机制,还有的建议从交通角度研究大气污染治理。其中秦萍等(2014)从交通尾气排放对大气污染影响的角度探讨了如何通过控制交通尾气排放从而减少大气污染,具体手段包括对汽车生产企业征收环境税,短期内对人口密度大的区域的机动车征收拥堵费;长期而言,改善交通系统、绿色出行等都是行之有效的办法。

不过近些年以京津冀的区域视角对雾霾治理的研究,主要集中于产业转移与区域补偿两个方面。谢晓波(2004)采用博弈的方法进行了地方政府竞争与区域经济协调发展的分析,结论表明,地方政府基于自身利益最大化的追求将使进取性投资不足而保护性投资过度,带来整体的效率损失,从而使区域经济不能协调发展。因此有必要对地方政府竞争进行规范,以促进区域经济协调发展,该研究提出规范地方政府竞争的措施主要有对进取性投资进行补贴、对保护性投资进行征税以及加强地方政府之间的合作与交流等。薛俭(2013)研究了京津冀联防联控治理大气污染,结果证明京津冀在省级管理模型下 SO_2 排放的环境治理成本为 23 亿元;而京津冀在省际合作模式下 SO_2 减排需要的环境治理成本能节约 4.86%,从而证明了联防联控治理大气污染不仅治理效果更加明显,而且还能显著降低治理成本。马丽梅(2014)运用空间计量方法对雾霾污染及其影响因素进行研究发现:(1)雾霾污染存在着显著的溢出效应。周边相邻地区的PM2.5浓度每升高 1%就能使本地区的PM2.5浓度升高0.74%;产业转移进一步加深了地区间经济与污染的空间联动性。因此需要完善区域合作机制,实现区域间的联合防控。(2)能源消耗结构中煤炭所占比重与雾霾污染呈正向变动关系,说明改变能源消费结构是关键,要彻底摆脱雾霾,长期看应改变以煤为主的消费结构,短期来看,应使用优质能源和安装污染净化设备。因而,从这个角度来讲,如果采取谁污染谁治理,达不到预期的效果。张贵等(2014)认为产业转移中,市场起着决定性的作用,但政府推动也不可或缺,区域政府应该充分调动各种有利因素,排除阻碍产业转移的各种障碍,构建新型区域产业转移协调机制。

林伯强、邹楚沅(2014)研究了当前政府控制东部煤炭消费、将东部污染产业转移以及从西部购买电力、开展煤制气等措施对环境治理产生的效果,发现这些举措可能加重对西部环境的污染。由此推测单纯的产业转移很可能无法收到期望的治理效果,反而使京津冀的大气污染状况加重。因而进一步证明了利益补偿是重要的保障条件,能够帮助河北提高本身的发展水平。

孙久文、姚鹏(2015)在新经济地理学理论框架下讨论京津冀一体化对制造业空间格局的影响。研究中利用地区相对专业化指数、地区间专业化指数、SP指数来测算这一影响,研究结论显示:区域经济一体化促使京津冀实现了产业分工;在京津冀三省市之间,北京与河北、天津之间专业化指数较大,说明北京与河北、天津形成了不同的制造业格局,专业化分工比较明显,不过河北与天津之间的专业化指数较小,而且呈现小幅度下降趋势。研究证明,北京正在逐步将劳动密集型、资源密集型行业向河北省和天津市转移,而北京自身形成高新技术为主的制造业格局。孙久文、姚鹏(2015)对京津冀协同发展的建议是:打破行政分割,构建京津冀协同发展共同体;以协同创新为先导,构建京津冀区域分工新格局;在协同创新共同体的基础上,形成区域产业综合发展的新局面;并且建立区域利益协调机制,推动生产要素在区域内的有序流动;此外还要完善京津冀交通一体化,为协同创新提供支持,让人民群众尽快感受到交通一体化带来的实惠和便利。

马骏(2014)研究发现仅靠环保手段治理效果有限,环境改善速度缓慢,无法在2030年达到治理目标($30\mu g/m^3$)。只有采取相应的经济手段才有可能达到治理目标，包括给服务业减税、提高煤炭资源税税率、开征碳税、对清洁能源进行补贴并建立区域间补偿机制等。马骏(2014)提出的PM2.5减排的区域间补偿机制应根据“受益者付费”的原则，由发达地区(主要受益者)提供资金，帮助临近的不发达地区降低大气污染排放，从而降低不发达地区污染对发达地区的溢出效应(外部效应)。与以往研究和主张采取的谁受益谁付费不同，因为在发达地区内部可以采取谁污染谁付费，但是发达地区与不发达地区之间可以采取谁受益谁付费的原则，这不仅可以降低发达地区的减排成本，还可以帮助不发达地区减排。薄文广等(2014)建议中央可以把京津冀协同发展作为试点，来探索和完善促进区域深入一体化的制度和对策，如横向转移支付、央地之间的财税制度安排、GDP 的政绩考核标准、跨区域 GDP 分计和税收分成机制等。

第五节　大气污染治理政策选择的一般可计算均衡分析

CGE 模型是国际上较常用的分析模拟政府政策对宏观经济影响的工具，是过去经常用于税收与贸易领域对经济冲击的模拟，20 世纪 80 年代后，该模型逐渐应用于对环境政策的分析。中国利用 CGE 模型分析环境问题始于 20 世纪 90 年代的中后期，在现有的文献中，较多的是对 CO_2 排放的控制，而对 SO_2 乃至对颗粒物排放的控制则鲜有学者研究。随着国内大气污染程度加剧，出现了大量使用 CGE 模型模拟环境政策对大气污染治理效果和对经济影响的研究，本书对相关文献综述如下。

宛悦(2005)用 CGE 模型研究征收环境税、空气污染物排放数量控制、空气污染排放数量控制和投资清洁能源三个场景来分析这些措施对经济的影响。该研究认为，相对于基准情景，采取这些污染控制政策会带来一些 GDP 损失，不过，如果考虑健康因素，后两种情况下的损失会减轻。说明如果将健康考虑进来，环境保护对经济发展是有促进作用的。研究结果表明，中国现行环境税政策不是一个有效的环境保护措施，会导致未来居民的健康状况恶化，相比之下，空气污染物排放总量控制加上投资清洁能源是一个更合适的环境保护方法，因为它能带来更大的健康好处而且使 GDP 损失最小。因而探讨新的环境税费征收和征收标准很有研究价值。

武亚军、宣晓伟(2002)认为在当前中国的能源结构和行政管理能力下,硫税是有效的,所以全面控制 SO_2污染是较为适合的经济手段。他们针对 SO_2的污染控制,构造了一套基于硫税的中国静态 CGE 模型。该分析得出硫税的征收对 SO_2排放的控制效果很明显,而且对经济总体的影响并不大,硫税的征收还促进了经济结构和能源结构的调整。

马士国(2008)建立一个用于研究硫税对中国 SO_2排放和能源消费影响的 CGE 研究模型。研究使用的基础数据是 2002 年中国 42 部门投入产出表中的数值,文中将 SO_2排放方程设置为 SO_2排放总量等于每种投入品所产生的 SO_2排放总和,而每种投入品所产生的 SO_2数量通过投入品数量乘以 SO_2排放系数计算得到。为了更好地研究能源与 SO_2排放之间的联系,文中将能源从商品中分离出来作为要素投入进行研究,这一做法是在研究能源排放中较为常用的技巧。通过 CGE 模型对硫税征收的模拟发现,征收硫税可以达到降低 SO_2排放的目的,而且对实际 GDP 不会产生过大的负面影响,只是 SO_2的减排成本是递增的,减排对经济造成的影响也是递增的。另外,征收硫税会带来能源消费数量与结构的优化。马士国、石磊(2014)进一步完善了 CGE 模型用于研究硫税征收对中国宏观经济和产业部门的影响。研究结果表明硫税有很好的降低 SO_2排放的作用,而且在生产环节征收硫税与在消费环节征收硫税,对经济总体的影响相差不大,差别在于前者有大幅提高能源价格的作用。他们还研究了硫税收入用于政府、返还企业、转移支付给居民三种方式下,对实际 GDP 产生的影响,结论发现,三种方式对实际 GDP 均有负面影响,只是影响不大,而且相比之下,返还给企业的方式负面影响最小。

Xu、Masui(2009)在日本环境研究所开发的 CGE 国家模型之亚太模型基础上建立一套适合中国的模型用于研究 SO_2控制措施对降低大气污染物排放的影响大。他们使用 1997 年中国的投入产出表为基础数据。研究结果显示,硫税情景下,只有能源行业的产出受到影响较大,其他行业的产出受到的影响很小。按照目前 SO_2排放的收费标准,SO_2排放削减幅度有限,因为现在的收费水平还远不能体现 SO_2该有的税费水平。如果通过硫排放权交易政策,提高排放 SO_2价格,SO_2排放可以得到很好的控制。

马骏、李治国(2014)通过使用CGE模型模拟多种政策手段对PM2.5的治理效果,研究得出仅仅依靠脱硫脱硝、提高尾气排放标准、控制VOC等环保类政策,最多将2030年全国城市PM2.5的平均水平控制在46$\mu g/m^3$。如果需要进一步降低PM2.5浓度,需要结合经济手段。经过模拟采取征收环境税、资源税等经济手段达到能源结构和产业调整的目的,结合对清洁能源的补贴以及交通治理政策和区域间补偿机制,最终可以达到模型设置的治理目标——2030年城市的PM2.5年均浓度在30$\mu g/m^3$及以下。

魏巍贤、马喜立(2015a)以2010年中国投入产出表为基础数据构建了动态一般均衡模型,用它量化研究硫排放权交易与硫税在实现大气污染治理目标中的作用,分析了实现大气污染治理目标的措施实施对能源结构和宏观经济增长等各方面的影响。研究结论是将上述两种市场机制进行组合可以实现大气污染治理目标下对宏观经济受到的冲击最小化。具体措施为,在销售环节对化石能源征收硫税,在生产环节对SO_2排放量最高的前十位产业实行排放权交易机制。

魏巍贤、马喜立(2015b)在研究中,选用2010年中国65部门投入产出表数据,利用动态一般均衡对提高能源效率、能源技术进步以及征收碳税、硫税的四类情景进行政策模拟。模拟结果验证了单一的技术政策无法实现雾霾治理目标,相反,降低能源强度是实现雾霾治理的根本路径。碳税与硫税都能一定程度上降低能源强度,但是对经济的影响有各自的特点。另外,研究认为产业结构和能源消费结构均是雾霾治理成败的关键之处。论文最终总结:通过税费政策可以抑制煤炭过度消费,并实现能源消费结构与产业结构的优化,结合技术进步,综合这几项政策可以实现污染物减排与雾霾治理的前提下经济增长损失最小。本书第七章与第八章在借鉴上述文献基础上,建立京津冀区域动态CGE模型,对征收环境税、清洁能源补贴和地区利益补偿三个方面进行模拟和分析。

第三章　京津冀雾霾污染形势与成因

为了对京津冀地区雾霾的治理展开研究与论证，本研究首先分析该地区当前的雾霾污染形势和特点，以及雾霾污染的成因。

第一节　中国雾霾污染的历史与现状

对于雾霾污染，中国并不是第一位受害者，英国早在20世纪初就饱受大气污染困扰，成为首个提出霾污染的国家。1905年，英国的亨利·安东尼·德辅在公共健康会议上提交了报告《雾与烟》（*Fog and Smoke*），第一次使用"smog"（霾）这个大气污染成员新名词。中国最早有关霾的记录出现在1995年，中国环境监测总站魏复盛总工程师通过对大气质量的长期监测，发现中国广州、武汉、兰州、重庆四大城市的PM2.5年平均浓度远高过美国制定的平均标准，但当时对此了解和关注的人并不多。到后来，美国航空航天局依照卫星观测图片推算2001—2006年间全球平均可吸入颗粒物PM2.5形势，将雾霾污染的程度体现在地图上并发布出来，揭示了这六年间全球PM2.5最高的地区就在非洲中部和中国的华北、华东、华中地区，这引起国人的普遍重视。另据WHO（2006）估计，中国的这些高污染地区PM2.5浓度全部高于50$\mu g/m^3$，并且接近80$\mu g/m^3$，比AQG（10$\mu g/m^3$）高出好几倍。后来，因纠结于北京的空气质量，2009年美国驻中国大使馆在房顶上架起一台空气质量监测仪，并实时公布所检测到的PM2.5浓度。尽管美使馆的初衷只是为了多争取一点环境污染补贴，但接下来的结果却超乎他们的意料。高浓度的PM2.5

指数迅速引起了社会广泛关注。越来越多的人开始意识到空气污染形势的严峻,并关注它对健康和经济发展的影响。2012 年,中国空气质量监测正式认定PM2.5的“身份”与“地位”;国务院开始要求各地向社会实时公布PM2.5的监测数值。同年 3 月,中国新修订的《环境空气质量标准》发布,新标准中增设PM2.5平均浓度限值(见表 3.1),PM2.5空气质量目标也走进了政府工作报告以及人权白皮书(见表 3.2)。监测数据显示,2013 年 1 月以来,全国 17 个省市 6 亿多人口受雾霾的危害,北京PM2.5指数经常显示六级严重污染,天津和河北地区情况就更为严峻。根据环境保护部发布 2013 年重点区域和 74 个城市空气质量状况,中国 71 个城市存在不同程度超标现象。空气质量相对较差的前 10 位城市中有 7 座位于河北。这 74 个城市的PM2.5年平均浓度为 72$\mu g/m^3$,其中京津冀区域PM2.5年平均浓度达到 106$\mu g/m^3$。美国国家航空航天局的 Aqua 卫星 2013 年 12 月 7 日拍摄到中国上空的雾霾,从北京一直延伸到西安,绵延数百公里,由于被秦岭山脉阻隔,雾霾在低洼地带聚集。实际上,在这次强雾霾袭击的过程中,北京市居民用自购的PM2.5测量仪器在北京多地测得的指数已超过 1000,是 WHO 公布的 IT-1 标准的几十倍。2014 年的污染形势依然严峻,环境保护部发布的重点区域和 74 个城市空气质量状况显示:城市空气质量达标面仅为 11.8%,京津冀区域PM2.5年平均浓度为 93$\mu g/m^3$,比 2013 年下降了 13$\mu g/m^3$;空气质量达标天数为 156 天,比 2013 年达标天数比例增加了 5.3 个百分点。

表 3.1　中国空气等级以及对应的PM2.5浓度

空气质量等级	24 小时均值/($\mu g/m^3$)
优	0～35
良	36～75
轻度污染	76～115
中度污染	116～150
重度污染	151～250
严重污染	251～500
爆表	>500

数据来源:中国环境保护部.环境空气项量标准,2012.

表 3.2　中国对雾霾污染认识的发展过程

年份	事件
1995	中国环境监测总站魏复盛总工程师报告，广州、武汉、兰州、重庆四个城市的PM2.5年平均浓度远远高于美国制定的平均标准。
1999	上海同济大学叶伯明教授等人，对上海市市内环境空气中PM2.5数值进行监测发现污染物超标100%以上(按照2016年《环境空气质量标准》)。
2006	北京市环境保护监测中心开始针对PM2.5进行研究性监测。
2009	美国驻华大使馆在屋顶上架起了一台空气质量监测仪。
2012	3月，中国发布新修订的《环境空气质量标准》，新标准增设PM2.5平均浓度限值； 两会上PM2.5空气质量目标第一次写入政府工作报告； 5月，PM2.5空气质量被人权白皮书写入生态人权保障； 环保部公布《空气质量新标准第一阶段监测实施方案》。
2013	环保部开始正式将PM2.5列入空气监测指标； 中国中东部地区频繁陷入严重雾霾污染，雾霾波及25个省份、100多个大中型城市，平均雾霾天数达29.9天，创52年来之最； 9月，国务院发布《大气污染防治行动计划》，规定空气质量改善的具体目标。
2014	中国建立"全国城市空气质量实时发布平台"，实时公布全国190个城市空气中的PM2.5浓度。

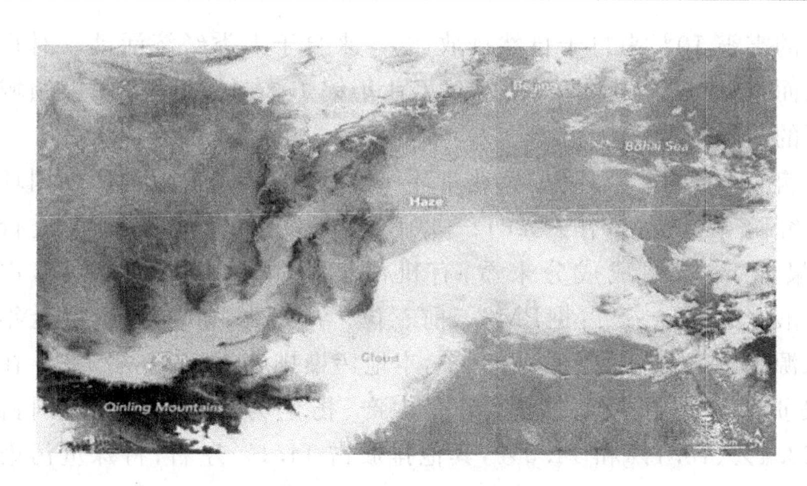

图 3.1　中国上空的灰霾

资料来源：美国国家航空航天局的 Aqua 卫星拍摄。

全国的雾霾污染形势中，京津冀地区最为严重，面临首都经济圈以及京津冀一体化的国家战略，大气污染显然是最大的发展障碍。为此，北京市政府通过实施燃煤、机动车、工业、扬尘等污染控制和生态治理共

50多项措施，削减污染物排放，在控制大气污染方面取得了一定的成效，但是大气污染日趋严重的局势并未得到很好控制(见表3.3)。2013年北京成立空气重污染应急指挥部以来，基本每年冬季都要启动多次雾霾橙色预警和雾霾红色预警，预警之下，中小学停课，机动车单双号限行，建设工地停工等，严重影响当地居民的工作与生活，治理雾霾刻不容缓。

表3.3 全国和京津冀PM2.5年平均浓度 单位：$\mu g/m^3$

年份	全国	北京	天津	河北
2013	72.0	90.1	95.6	108.0
2014	60.8	83.14	85.8	94.9
2015	50.2	80.4	71.5	77.0
2016	47.0	73.0	69.0	70.0

数据来源：环保部与绿色和平组织。

第二节 京津冀区域雾霾来源特点分析

中国的雾霾10%来自于自然排放，90%来自于人类经济活动。对京津冀地区而言，燃煤、炼焦钢铁、窑炉、工业小锅炉、农村取暖等用煤领域是最主要的污染来源。

2014年，当时的北京环保局、北京环保监测中心、北京大学和中国环境科学研究院等单位，合作对2012—2013年北京市的PM2.5来源进行解析，结果如下：从组成成分来看，有机污染物(占26%)、硝酸盐(占17%)、硫酸盐(占16%)占据PM2.5前三位。从来源来看，北京市全年PM2.5来源中区域传输占28%～36%，本地污染排放占64%～72%。在本地污染贡献中，机动车、燃煤、工业生产、扬尘为主要来源，分别占31.1%、22.4%、18.1%和14.3%，其他排放占14.1%左右；特殊重污染过程中，区域传输贡献可达50%以上。解析结果发现，北京市PM2.5的成分和来源有两个特点：一是污染中二次粒子影响大，PM2.5中的有机物、硝酸盐、硫酸盐和铵盐这些成分主要由气态污染物通过二次转化而成，合在一起占到PM2.5的70%，这是重污染情况下PM2.5浓度快速升高的主导因素；二是机动车的尾气排放对PM2.5影响大。首先，驾驶机动车过程中会直接排放PM2.5，还包括有机物（OM）和元素碳（EC）等。其次，机动车排放的其他污染物，如挥发性有机物（VOC）和 NO_x 等，也是形成PM2.5的原材料；当然，机动车行驶还对道路扬尘排放起到"搅拌器"的作用。这些都是导致北京PM2.5浓度过高的主要原因。

天津市环保局对2012—2014年天津市的颗粒物物源解析结果表明PM2.5来源中本地排放量约占总量的66%～78%，区域传输部分约占22%～34%。其中，在本地污染贡献里，扬尘、燃煤、机动车排放、工业生产是主要来源，分别占30%、27%、20%、17%，餐饮、汽车修理、畜禽养殖、建筑涂装及海盐粒子等其他排放加在一起对PM2.5的贡献约为6%（韩爱青，2014）。

据北京工业大学所做的一项调查《唐山市PM2.5来源解析及优化控制研究》显示，2013年河北省各市开展了大气污染源解析工作，结果显示：石家庄市PM2.5污染的23%至30%为外地输入，70%至77%来自石家庄本地污染。该市各类污染源排放的分担率分别为：燃煤分担28.5%，工业生产分担25.2%，扬尘分担22.5%，机动车分担15.0%，其他分担8.8%。唐山市的冶金行业是PM2.5的主要来源，全年平均贡献率为20.67%；剩余部分土壤尘贡献11.40%，燃煤锅炉贡献10.26%，机动车贡献9.53%，电力行业贡献7.47%，水泥建材行业贡献6.72%；此外还有部分未知来源。廊坊市的燃煤、扬尘、工业气溶胶、汽车和日常排放是其主要的污染源，所占比例分别为50%、20%、18%与12%。邢台市由中国环境科学研究院为主研究的大气污染源解析阶段性研究成果（2014）显示，燃煤尘、工业尘等是邢台市PM2.5的主要来源。保定市的解析结果也表明，燃煤尘、扬尘和汽车尾气污染是其主要污染源。

可见河北省各市大气污染来源，与各市的产业结构、发展历史、地理情况都有关系。对唐山而言，它是京津冀地区重要工业城市，以冶金、煤矿、建材、化工等高能耗、高排污的重工业为主的产业结构以及以煤炭为主的能源结构，是唐山市大气环境污染日渐加重的源头，所以冶金行业是唐山市PM2.5的主要来源。保定的污染大项是燃煤；石家庄既有燃煤污染，也有工业污染。简而言之，京津冀的大气污染主要来源就是交通排放、燃煤、工业生产以及扬尘等。

第三节 京津冀区域雾霾污染的影响因素分析

一、经济因素

从经济学角度来说，京津冀严重雾霾污染的根本原因在于政府对市场的扭曲和市场失灵。政府对市场的扭曲表现在地方官员为了追求政绩，追求GDP增长，而盲目发展；市场失灵表现在，过去企业生产不需要考虑外部性，以低于社会成本的私人成本进行生产，最终的环境成本需要社会承担。这一结果导致京津冀地区工业、制造业过度发展，而服务业不仅发展落后而且还受到抑制。简而言之，经济方面的原因主要表现在以下三个方面：一是以煤炭为主的能源消费结构带来了大量污染物排放；二是以高耗能工业为主的产业结构需要消耗大量能源；三是交通扩张迅速，特别是私家车数量快速增加致使尾气排放迅猛增加。

（一）经济的快速发展以及以煤炭为主的能源消费结构

1996—2015年，北京、天津与河北省的经济发展速度分别达到了10.0%、13.2%和10.4%；尽管最近几年增速有所回调，但最近五年（2011—2015年）仍有7.5%以上的平均增速；特别是天津，平均增速达到12.1%（见表3.4）。高速增长的经济支撑是大量的能源消耗。

表3.4 1996—2015年京津冀经济年平均增速 单位：%

年份	北京	天津	河北
1996—2015	10.0	13.2	10.4
2006—2015	9.1	13.9	9.8
2011—2015	7.5	12.1	8.3

我们考察了过去20年京津冀地区的经济增速与能源消费增速（见表3.5）、煤炭消费增速（见表3.6）的关系（见图3.2）。与经济增速相比，北京市的能源消费增速与煤炭消费增速均大大低于前者，特别是煤炭，总量上是负增长的。天津市的能源消费增速与经济增速基本一致，但是煤

炭消费增速大大低于能源消费速度与经济增长速度。可见随着经济的发展，北京与天津的能源结构得到了优化。对于河北省来说，情况却不一样，相对于经济增长的速度，能源消费和煤炭消费增速明显更高，可见河北省能源粗放型发展方式十分严重。

表 3.5　1996—2015 年京、津、冀能源消费增速　　单位：%

年份	全国	北京	天津	河北
1996—2015	10.90	4.70	13.10	12.09
1996—2000	2.19	3.46	1.75	5.18
2001—2005	12.43	6.65	9.46	15.43
2006—2010	7.54	5.19	13.14	6.42
2011—2015	6.46	−0.29	8.85	2.98

表 3.6　1996—2015 年京、津、冀煤炭消费增速　　单位：%

年份	全国	北京	天津	河北
1996—2015	8.84	−2.77	5.63	11.73
1996—2000	0.58	0.21	0.37	5.35
2001—2005	13.18	2.57	10.75	15.78
2006—2010	6.45	−2.83	5.29	5.89

图 3.3 至图 3.6 是北京、天津、河北以及整个京津冀区域 1996—2015 年化石能源消费结构变化图。数据显示，京津冀地区化石能源消耗

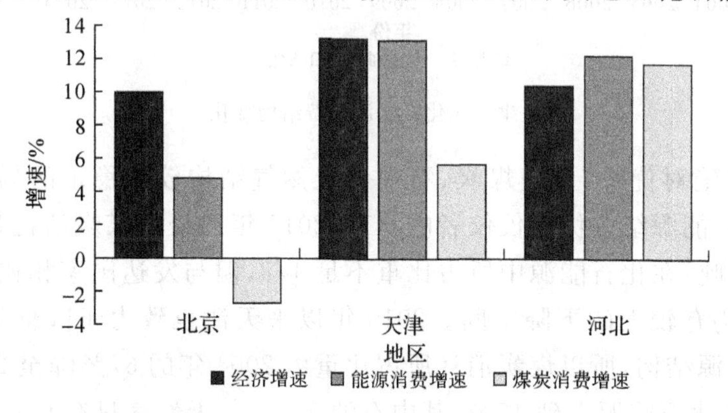

图 3.2　1996—2015 年京津冀经济增速与能源消费增速、煤炭消费增速对比

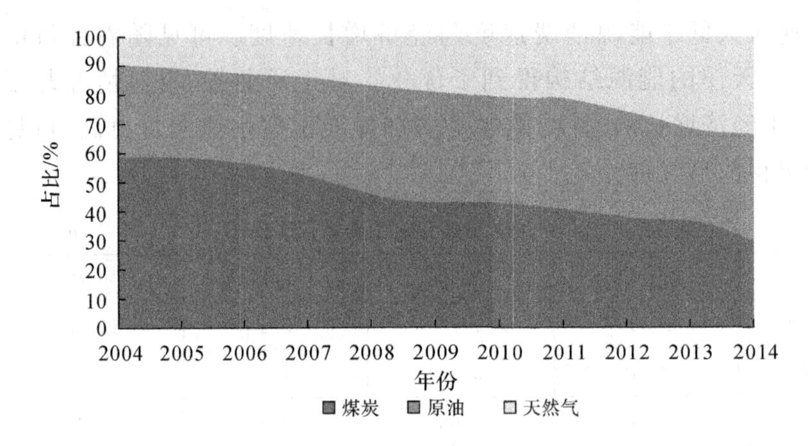

图 3.3 北京一次化石能源消费结构变化

注:由于京津冀消耗的可再生能源量所占比重很低,因此本处一次能源指的是一次化石能源。

数据来源:国家统计局网站(下同)。

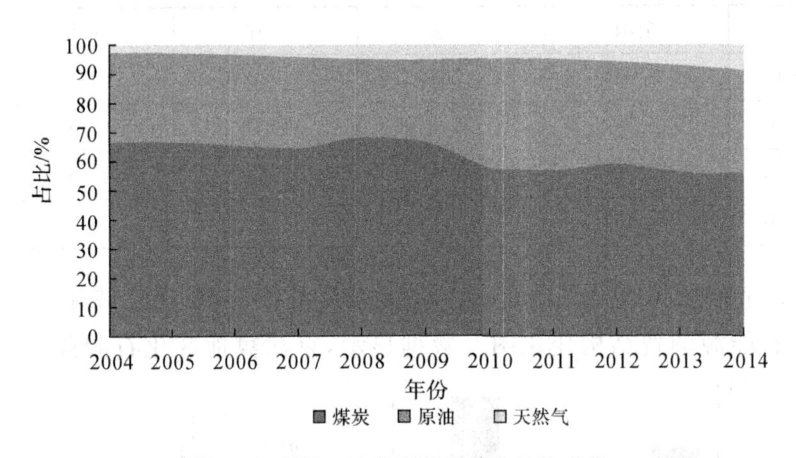

图 3.4 天津一次化石能源消费结构变化

中,煤炭占有绝对优势,且呈煤炭、石油与天然气结构较为稳定的局面。尽管作为国内能源结构优化佼佼者的北京,2015 年已经将煤炭消耗数量降到 1200 万吨,在化石能源中所占比重不足 1/3,但与发达国家相比,煤炭消耗比重仍有较大的下降空间。2010 年以来天津也致力于降低煤炭消耗,调整能源结构,所以煤炭消耗所占比重由 2004 年的 67%降至 2014 年 55%,清洁化石能源占到 45%,其中石油 35.6%,天然气只有 9%。可见,北京与天津过去几年中在降低煤炭消耗上面成绩斐然。不过河北完

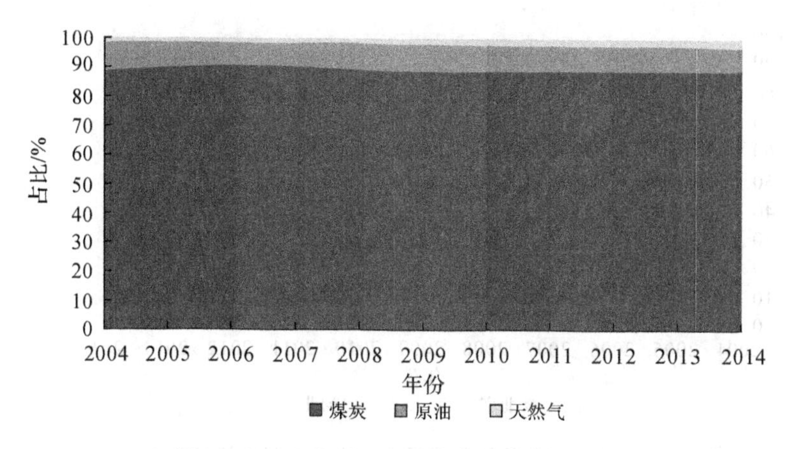

图 3.5　河北省一次化石能源消费结构变化

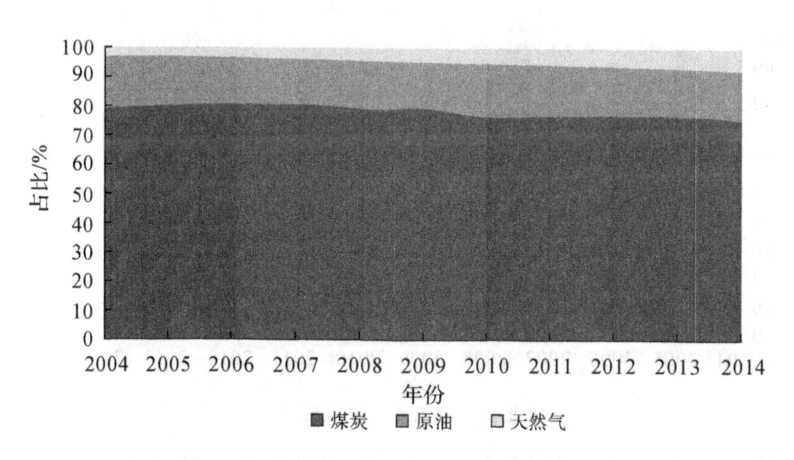

图 3.6　京津冀一次化石能源消费结构变化

全是另外一番景象，不仅维持高能源消耗——河北省的能耗在整个京津冀区域内的比重逐渐增加（见图 3.7），而且煤炭比重始终居高不下，稳定在大约 90％的水平（见图 3.8）。因此，就整个京津冀地区而言，河北省的煤炭消耗拉高了京津冀地区的煤炭比重，致使煤炭在一次能源消耗中的比重基本稳定在 80％左右（见图 3.6），这一比重远远高于全国平均水平（全国维持在 70％上下，而且呈现逐年逐步递减趋势）。

需要注意的是，京津冀地区一次能源消费以化石能源为主，可再生能源的比例微乎其微。所以说，京津冀地区雾霾污染主要原因是煤炭过量消费，大量煤炭燃烧释放出大气污染物，堆积在地区上空，超过该区域

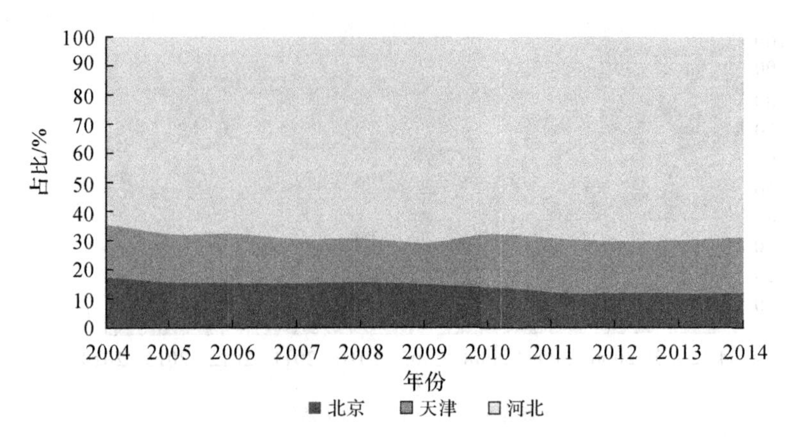

图 3.7 北京、天津、河北的能源消耗占京津冀能源消耗量的比重

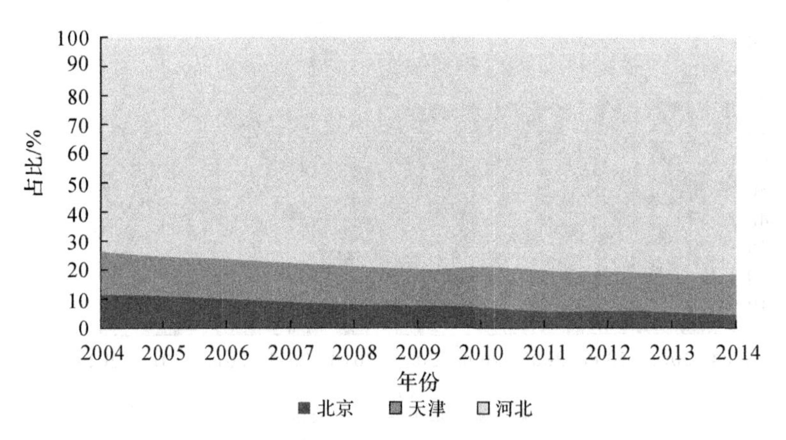

图 3.8 北京、天津、河北的煤炭消耗占京津冀煤炭消耗量的比重

大气对污染物净化的能力,便带来了我们前面提到的雾霾污染。

(二)重工业为主的产业结构

过去 20 多年中,北京市第一产业与第二产业的比重在持续大幅下降(见图 3.9),天津市第二产业比重 2008 年以来也呈现缓慢下降趋势(见图 3.10),但是,河北省的第二产业所占比重却一直居高难下,2011 年才开始有缓慢下降的迹象(见图 3.11)。总的来说,京津冀地区第二产业所占的比重始终很高,直到 2015 年京津冀地区第二产业所占比重仍占到 38.43%(见图 3.12),其中河北省第二产业的比重更是高达 48.27%,第

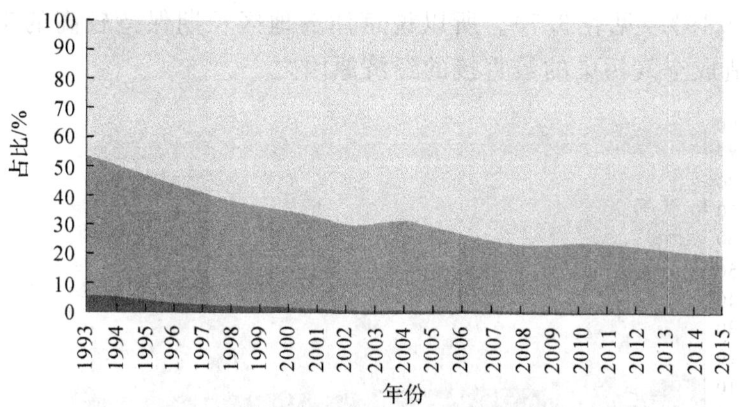

图 3.9　北京市产业结构变化

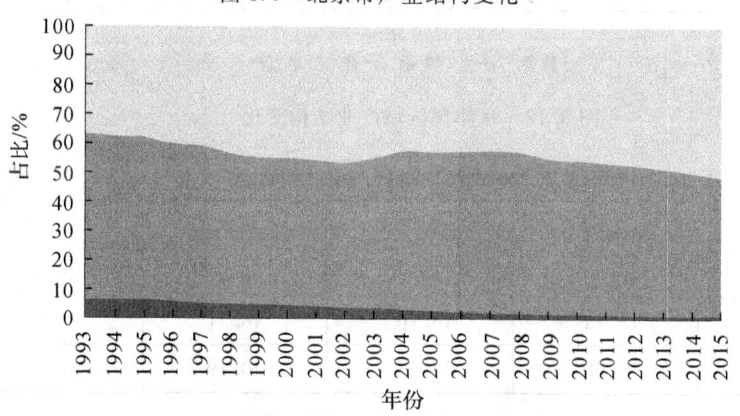

图 3.10　天津市产业结构变化

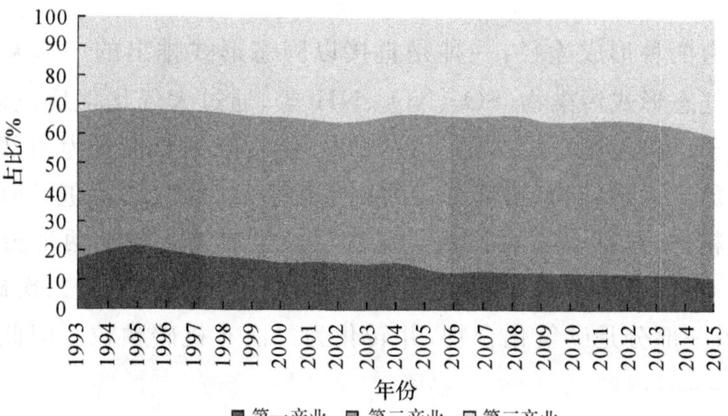

图 3.11　河北省产业结构变化

三产业占40.19%(见表3.7)。所以说京津冀地区长期保持较高的工业比重,也是造成空气污染的最直接的经济原因之一。

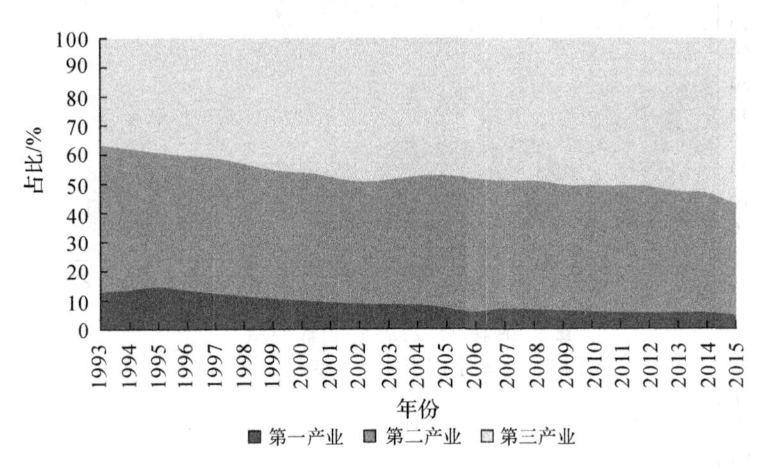

图3.12　京津冀区域产业结构变化

表3.7　2015年京津冀产业结构情况　　单位:%

产业	北京	天津	河北	京津冀
第一产业	0.61	1.27	11.54	5.47
第二产业	19.71	46.70	48.27	38.43
第三产业	79.68	52.03	40.19	56.10

(三)交通迅速扩张

PM2.5有两种形成途径:一种是直接以固态形式排出的一次粒子,另一种是由气态形式污染物(SO_2、NO_x、NH_3等)通过大气化学反应而生成的二次粒子。机动车排放的尾气对PM2.5的贡献主要也分为两部分:一是直接排放出的颗粒物,这部分占的比重较小;二是"二次反应"[①]后生成的二次颗粒物,这部分占大比重。二次反应生成物又包括两部分:一部分是NO_x,其转化为二次硝酸盐颗粒物,同时催生SO_2生成二次硫酸盐颗粒物;另一部分是碳氢化合物,并转化为二次有机碳颗粒。因此,机

① 二次反应,简而言之是指汽车尾气排放出的气态污染物进入大气会继续发生各种复杂的化合变化,最终形成颗粒物的过程。

动车尾气排放成为PM2.5最重要来源之一。目前，城市内机动车的燃料以汽油、柴油为主。汽油和柴油主要由碳和氢组成，完全燃烧时生成CO_2、水蒸气和过量的氧等物质。由于燃料常常不能完全燃烧且燃料中含有其他杂质和添加剂，汽车尾气通常带有成分复杂的有害物质，包括CO、碳氢化合物、SO_2、NO_x、铅化合物和固体悬浮颗粒，这些均对雾霾的形成有直接或间接的贡献。尾气排放大量增加主要缘于私人汽车数量的增长以及交通拥堵。

首先，私人汽车拥有数量的爆炸式增长。

1996—2015年，京津冀地区的汽车拥有量迅速增长。京津冀三地的PM2.5来源中，汽车尾气占据了很大一部分，尤其是北京与天津自产PM2.5，主要源自汽车尾气的排放。不同于多集中在冬季和秋末春初的取暖用燃煤污染，汽车尾气污染不分春夏秋冬，也不分淡季旺季，只要大气流速不快，污染就可以很快沉淀下来并继续反应，形成雾霾。

中国机动车保有量在1978—2010年的32年间从136万辆增长到近8000万辆(不包括摩托车、低速货车和低速电动车等)，年平均增长率为14%；尤其是近几年增速更高，2000—2010年年平均增长率达17%(清华大学中国车用能源研究中心，2012)。机动车快速增长的主要原因是私人汽车数量的迅速增长。2002—2011年的10年间，全国私人汽车数量年均增长率超过25%(见图3.13)。千人私人车保有量平均每三年可以翻一番，从2002年的每千人拥有不到5辆小汽车，发展到2011年每千人拥有45.8辆小汽车，用了不到10年的时间。2006—2010年私人汽车拥有量的年均增速为35%，受限购政策影响，2010—2015年年均增速回落至16.7%(见表3.8)。其中北京机动车保有量的增速惊人，不过这也是经济发展和城市化的必然产物，亚洲其他发达城市例如东京、首尔等城市也经历过机动车保有量迅速增加的时期，并在机动车数量达到一定程度时出现了增速放缓的情况。北京在1998—2008年同样经历了机动车数量激增的时期，而2008年以后随着一系列政策(如摇号上牌、限行等)的出台，增长速度有所减缓。因此，我们可以预计北京的机动车保有量依旧会保持平稳增长的势头。

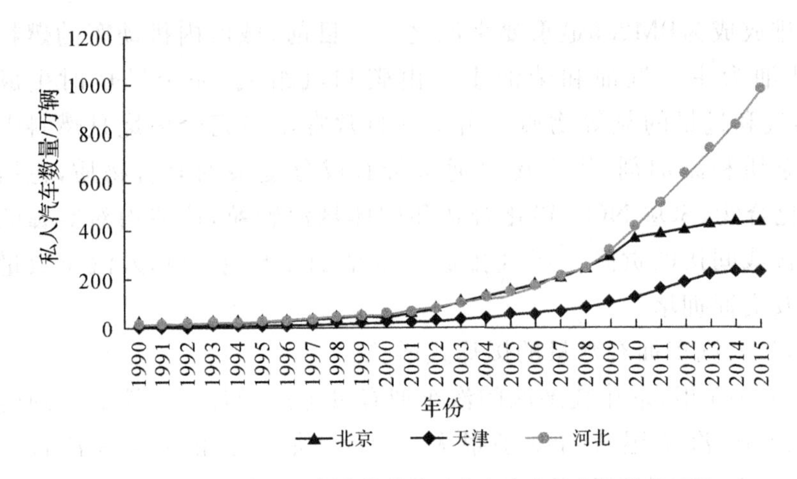

图 3.13 1990—2015 年京津冀地区私人汽车拥有量增长情况

数据来源:国家统计局。

表 3.8 京津冀地区汽车私人拥有量平均增速 单位:%

年份	北京	天津	河北	京津冀合计
1996—2015	167.15	269.80	178.47	184.09
1996—2000	57.45	77.61	18.80	35.83
2001—2005	40.44	23.21	31.55	33.72
2006—2010	29.76	35.84	40.61	35.01
2010—2015	3.65	17.34	28.43	16.67

其次,伴随私人汽车迅速增多而来的交通拥堵问题。

私人汽车的爆炸式增长,带来居民主要出行方式的改变,其中小汽车出行比例逐年增加。如图 3.14 所示,北京主城区[①]内小汽车出行从 2000 年时占总出行的 23%,迅速增加到 2010 年的占比 33%;之后小汽车出行占的比例有小幅回落,但是仍然保持在 31%以上,到 2015 年占比约 31.9%。主要原因是受 2010 年 12 月 23 日出台的北京交通治堵新政——《北京市小客车数量调控暂行规定》实施的影响。在 2008 年底开始的机动车牌号限行、小客车配置指标摇号分配双控下,私人汽车上路的出行结构保持比较稳定。

① 北京主城区指的是六环内,根据北京交通发展研究中心。

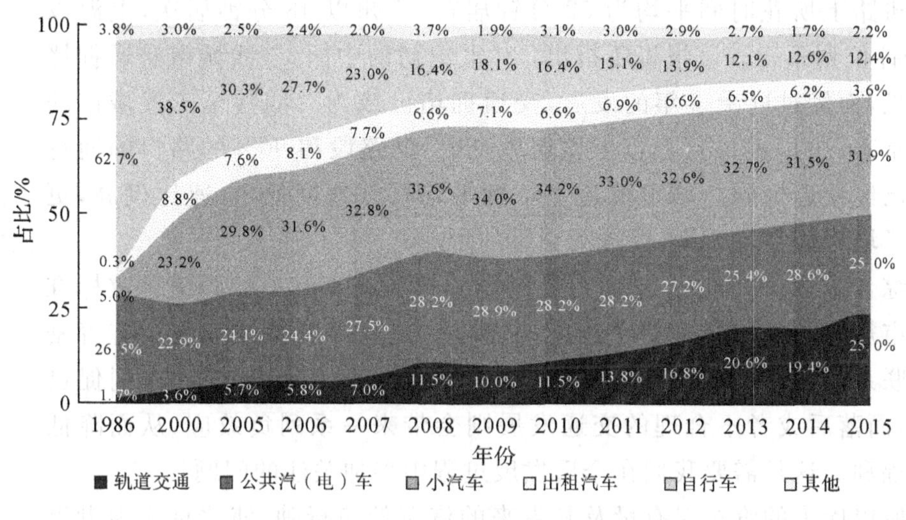

图 3.14　北京市市内通勤交通出行结构变化

数据来源：北京交通发展研究中心。

另外，私人汽车的通勤出行比例高，也是导致市区交通拥堵的重要原因（见图 3.15）。城市居民的出行方式受到城市形态、公共交通服务水平、地方经济发展状况和气候等诸多因素的影响。想提高城市居民公共交通出行比例，减少私人汽车出行比例，需要从多方面入手整治。

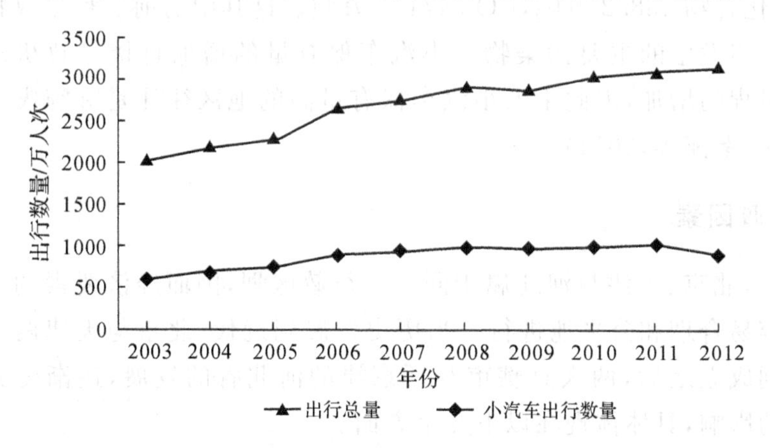

图 3.15　北京通勤交通出行数量

数据来源：北京交通发展研究中心。

中国科学院可持续发展战略研究组（2012）对中国 50 个城市通勤情况进行调查，并根据上班路上所花时间进行排名。排名结果显示，北京以上班路上所花时间平均为52分钟居首，广州以48分钟居次，上海以47分钟位列第三。该报告还指出，20世纪初的中国，二线城市交通拥堵很少见，而经过近十多年的发展，交通拥堵已成为二线甚至三线城市的交通常态；中国人口百万以上城市中，80%的路段和90%的路口的通行能力已经接近极限。城市街道上车辆平均行驶速度低，怠速比例高，更加重了城市的空气污染，促进了雾霾的形成。

综合来看，中国城市交通污染问题的根源在于有关的污染排放标准和城市规划不能与交通发展速度相适应。交通发展与经济增长有着密切的联系。与经济增长速度相适应的交通发展能对经济增长起到促进作用，而落后或者不合理的交通发展则会带来一系列负效应，从而降低社会福利。这是需要我们在今后发展过程中多加关注的问题。

所以庞大的汽车保有量及其带来的汽车低速行驶，使北京成为世界上因汽车尾气导致空气污染最为严重的城市之一。汽车尾气中含有上百种不同的化合物，其中污染物有CO、NO_x、硫氧化合物、碳氢化合物和铅等。发生大面积、高频率、长时间的堵车时，汽油不完全燃烧，产生的尾气污染更是惊人。根据2013国家环境保护部发布的数据，2012年全国机动车排放污染物达4612.1万吨，包括NO_x 640.0万吨，颗粒物62.2万吨，碳氢化合物438.2万吨，CO 3471.7万吨。这其中的前三种排放物均是导致雾霾发生的主要污染物。小汽车保有量的增加直接导致机动车行驶总里程的增加，因此千人小汽车保有量高的地区往往是雾霾灾害严重的地区（秦萍等，2014）。

二、行政因素

历史上，北京、天津与河北属于同一个行政区划，因而经济要素的空间布局很容易合理和公平地进行。当历史发展到近代，北京与天津两大直辖市分别成立之后，两大直辖市与环京津的河北省的发展，逐渐受到行政因素的影响，具体体现在以下几个方面。

第一，得益于首都优势与直辖市优势，北京、天津两大都市经济发展明显快于河北。北京、天津两大都市在过去的发展过程中，资源高效整合，是京津冀地区的“双核”。长期以来，京津一直在构筑各自的城市体系、调整各自的产业结构，城市各自为政现象十分严重，城市之间联系较为松散，互相需要程度也不强，至今尚未完全摆脱单体城市或行政区经济各求发展的旧有模式，也没有形成真正的区域经济一体化、区域内合理分工、发展共赢的局面（祝尔娟，2014）。而河北省在北京与天津独立为直辖市之后，再也没有形成自己真正有实力的经济中心，河北作为一个整体的行政格局被完全打破。所以北京、天津、河北三地因行政等级不同且各自为政，发展严重失衡，资源配置能力也因此存在明显的高低之分，导致河北省虽然与京津两市水土相连，发展状况却存在着巨大的差距。

第二，巨大的经济落差、悬殊的发展机会、始终存在的发展洼地、巨大差距的社会保障水平，形成资源的"虹吸效应"。北京、天津二市对优质资源的虹吸，给河北省留下的均是落后的、过时的技术与装备，很多污染都是河北在为北京和天津自觉与不自觉地承担。这不断加剧了京津冀地区发展的不平衡，使得北京、天津周边经济落后、人民贫困，影响了京津冀地区的生态环境、空气质量。由于大气污染的扩散性，河北省的严重大气污染反过来对北京和天津形成最直接的影响。

第三，北京与天津的大城市过度发展问题日益突出。大城市问题的解决需要将非核心功能向外围疏解，河北围绕北京、天津的环京津地带需要发展成为与北京、天津相呼应的卫星城市群。不过，京津冀地区与长三角、珠三角的情况不同之处在于，其城市职能疏散过程并不是通过经济自发产生的，而更多的是行政力量在左右。大城市在功能疏散的过程中优先保障京津，特别是首都北京的利益，对于河北省的利益，基本是最后才需要考虑的。这就更进一步导致河北省未形成适合自身的产业规划与布局，却承担了近似于京津二市的后勤保障的城市职能，从而加剧了京津冀三地经济发展的不平衡。

所以，与河北省相比，北京市与天津市拥有大都市优势，北京除此之外还具有首都优势，这使得三大地区之间互动水平较低，即使有互动也是不对等的互动。在区域经济发展进程中，资源流向大都是按照行政力量进行的，在京津冀一体化的进程中，行政力量远远强于市场力量。例如张家口与承德市扮演的是北京与天津的"生态屏障"角色，为了保障这一生态屏障最大化地发挥效用，不仅一些污染企业不能发展，工业比重也必须维持在很低的水平。张家口与承德两市为北京与天津的生态环境做出了巨大贡献，但是并没有因京津两市经济的发展而获益。此外，北京市向河北转移的一些非绿色产业，使得一些污染或主动或不自觉地转移给了河北，使得河北省与京津两市之间长期存在着“贡献”与“受益”不对等的问题。这就是为什么原本临近大都市的小城市本来能获得更多资源与机会从而得到更多的发展，比如临近上海的昆山，临近广州、深圳的小城小镇也各自发展得独具特色，而在京津冀地区出现的却是环京津贫穷带。长三角、珠三角的每个小城市，都彼此交流互通，从错位发展中汲取营养，相得益彰。

当行政力量过于强大，直接的结果就是河北省经济发展不起来，落后于京津两市太多，所以目前还处在重工业发展阶段，能耗巨大，发展粗放，且产业结构十分倚重重工业，能源倚重煤炭，整体成为一个巨大的大气污染排放源。这很大程度上也是因为北京与天津将诸多的污染排放转移到河北。京津冀行政力量上特殊性的存在，使得要解决大气污染的问题，首先要从这方面着手。京津两大城市持续的绿色发展，必须要拉动河北省经济发展的需要。方法是以京津两城为核心，将更多的河北省地区纳入一体化进程中，构建经济三角形。例如京张承、京津保、京津石、京津唐等经济三角形。随着河北经济的发展，越过重工业发展阶段，并使得重工业的比重降低，使得服务业发展起来。同时，对于河北受到的潜在不利影响进行利益补偿，并促进河北省环保技术的研发与使用。

三、地理与气象因素

一般来说，雾霾的成因可以分为两个方面：一是污染源；二是气象和地形条件。如果把雾霾的形成看成一个“化学反应”的话，“反应物”就是污染源排放的各种污染物，气象和地形条件就是“反应条件”。前面讨论的都是关于污染源的研究分析，下面这部分是关于反应条件——气象和地形的分析。

华北平原三面环山，气候条件受弱高压控制（弱高压的特点是整体为下降气流，且大气运动缓慢，导致悬浮在空气中的干尘颗粒不易扩散，而形成灰霾），这一地形与气象特点使得京津冀地区全年20%的天数气象条件不利于污染物扩散。北京的地形就更特殊，不仅三面环山，而且西面、北面的弱冷空气不易进入平原地区，冷空气途经山脉后强度减弱，而来自北京南面的外来污染物却能长驱直入，客观上有利于雾和霾的维持。北京雾和霾最严重的是受到太行山前地形辐合线影响的南部地区，与河北中南部山前地区形成重污染带。

而且就地域特点而言，由于京津被河北包围，河北的面积占到整个京津冀地区面积的87%，导致的结果就是：河北如果严重雾霾污染，天津与北京不可能独享清洁空气。河北产生的雾霾会笼罩在京津上空，同样京津产生的雾霾也需要经过河北省的上空进行疏散。说所有京津冀地区人民在雾霾治理方面“同呼吸共命运”毫不夸张。所以京津冀任何一方在雾霾治理方面的贡献也是对其他区域洁净空气的贡献。反之，任何一方产生的PM2.5污染，同理亦是在给京津冀地区的PM2.5污染做贡献。

第四节 本章小结

本章从中国雾霾污染的发展历史与现状、京津冀雾霾来源特点、京津冀大气污染形成的原因三个方面进行了研究与分析。在京津冀雾霾来源特点的分析中，本章认为，北京PM2.5的主要来源是区域传输、机动车、煤炭、工业生产和扬尘等；天津PM2.5的主要来源是区域传输、扬尘、燃煤、机动车排放、工业生产等；河北省的主要来源并不能一概而论，各市之间各有特点，总体来说，工业排放与燃煤是最大的两个来源。

在对京津冀区域霾污染形成原因的探索中，本研究将主要原因分析归纳为三类：第一类是经济原因，包含以煤炭为主的能源消费结构，产生大量的污染物排放；区域产业结构以高耗能工业为主，这样的产业结构意味着能耗巨大；除此之外，伴随着经济的增长而迅速扩张的交通运输使得汽车尾气排放已成为空气污染的最主要来源之一。第二类是行政方面的原因，主要是因为北京、天津与河北三地行政力量悬殊，受政治力量导向的影响非常大，导致大都市的非核心功能并不能依照市场力量进行分配，从而使得三地经济发展严重失衡；而且北京与天津对生产资料强大的虹吸力量加剧了这一不平衡，导致河北的经济越发落后且重工业比重始终过高，成为京津冀地区一个巨大的经济洼地及污染产生地。第三类是地形、气象方面的原因，京津冀地区的地形以及气象特点都不利于大气污染物的扩散，反而容易积聚。特殊的地形、气象条件对京津冀地区雾霾的形成起到了一定作用，但是外因通过内因起作用，内因是事物存在的基础，决定事物发展的基本趋势，所以京津冀地区雾霾严重，归根结底还是因为京津冀地区污染总量太大，超过了这一地区本身环境的容量和自净能力所导致的。

第四章　京津冀经济发展与大气污染的关系

环境是人类赖以生存的基础和先决条件，但是经济发展往往以对环境的破坏为代价；经济发展得越快，对环境资源利用得越多，对环境破坏得也越严重。人们品尝着技术发展带来的甘果，也消耗了地球的资源；当资源利用到一定程度，环境承载不了如此大规模的开发与利用时，环境污染开始出现。因此，环境污染作为经济发展的副产品吸引了经济学家们的眼球。有很多学者使用各种方法尝试找到经济发展与环境破坏之间的关系的发展规律，以期规避。

本章的研究目的是利用往年的经济发展数据以及污染排放数据，研究找出京津冀的大气污染与经济发展的内在关系，以验证京津冀地区的大气污染是否符合 EKC 假设，推断出目前经济发展与环境污染所处阶段。

第一节　研究方法的确定

国际上早期对经济发展与环境污染关系研究采用的是某个国家的截面数据，研究结果证明污染与经济发展存在先升后降的关系。不过后来学者发现采用截面数据并不科学，所以随着数据可得性的增强，学者们开始利用时间序列数据，乃至多个国家或地区长时间段的面板数据，对污染物浓度（或排放量）与人均 GDP（或人均收入）之间的关系进行建模分析，许多研究结果证明了二者之间存在先增加后下降的关系，例如最著名的是 Panayoyou、Theodore(1997)在 Kuznets(1955)提出库兹涅茨曲线(Kuznets Curve)的基础上提出的环境库兹涅茨曲线(Environmental Kuznets Curve，EKC)。EKC 揭示了环境质量与人均收入的倒 U 形关系，确实符合世界上大部分国家经历的"先污染，后治理"的经济发展道路。后来不断有学者采用不同的时间、不同国家与城市的数据研究验证是否符合 EKC 所描述的规律并得到不尽相同的结论(见表 4.1)。

表 4.1 国内外 EKC 实证研究结果

文献	样本区域/时间	指标	主要结论
Shafik、Bandyopadhyay，1992	世界发展报告	SO_2 排放与人均收入的关系	倒 U 形
Selden 等，1994	发达国家，1973—1984 年	SO_2，SPM，NO_x 等排放量或浓度与人均 GDP 的关系	倒 U 形
Grossman、Krueger，1995	NAFTA 国家，1977—1988 年	SO_2，烟尘等与人均 GDP 的关系	倒 U 形
Aslanidis、Xepapadeas，2006	美国 38 个州	SO_2 排放、NO_x 排放与人均 GDP 的关系	倒 V 形
包群等，2005	中国，1996—2002 年	SO_2 与人均 GDP 的关系	倒 U 形
马树才、李国柱，2006	中国，1986—2003 年	工业废气与人均 GDP 的关系	无证据表明中国人均 GDP 的增加有助于解决环境问题
陈妍、杨天宇，2007	北京，1985—2004 年	人均 GDP 与 SO_2 排放的关系	符合 EKC 假设
彭立颖等，2008	上海，1981—2006 年	烟尘、SO_2 排放等与人均 GDP 的关系	符合 EKC 假设
林伯强、蒋竺均，2009	中国，1960—2007 年	人均 CO_2 排放与人均收入的关系	符合 EKC 假设
张成等，2011	中国	SO_2 排放与人均 GDP 的关系	符合 EKC 假设

在数据的选择上，彭立颖等(2009)研究认为基于不同国家或地区在经济发展规模、结构和技术水平方面存在较大差异，利用截面数据和面板数据研究得到的结论的可靠性以及代表性会受到影响，而时间序列数

据比较有优势。持类似观点的还有 Roberts、Grimes(1997)，后者利用世界银行和美国橡树岭国家实验室 1962—1991 年的数据，分析了 CO_2 排放强度与人均 GDP 之间的关系，当把所有国家的数据放在一起建模后得到的关系证明 CO_2 排放强度与人均 GDP 之间存在倒 U 形关系时，结果显示已经经过了拐点；但是作者认为这不能说明这些国家都跨越了拐点。后来作者将这些国家按照高、中、低收入分组进行进一步分析，发现只有少数富裕国家真正实现了 CO_2 排放强度随人均 GDP 升高而下降。可见，将不同经济发展程度的个体国家或地区混合在一起进行研究的结果，常常并不能反映出真实规律。所以学者们开始根据需要对时间数据与面板数据进行选择。总的来说，研究国家层面的，用面板数据以及 PSTR 模型的比较多；研究某城市的，采用时间序列数据以及二次多项式和三次多项式模型的比较多。

中国对经济发展与污染关系的研究很多采用的是时间序列数据，也有部分采用面板数据的(姚昕，2008)，以及做指数回归模型研究的(朱智洺，2004)，考虑到本研究中只包括北京、天津和河北三个地区，个体很少，并不适合使用面板数据，也不适合采用截面数据，我们认为采用区域较长时期的时间序列数据更为合适。本研究选用简化模型，建立平方、立方回归方程分析京津冀区域经济增长与大气污染之间的关系，该模型方法既科学又简单易行，在国内外研究中均使用较为普遍(陈妍、杨天宇，2007；张成等，2011；Shafik、Bandyopadhyay, 1992)。

国内外对经济增长与环境污染关系的研究中人们经常把人均 GDP 用作发展经济学中衡量经济发展状况的指标，它是人们了解和把握一个国家或者地区的宏观经济运行状况的有效工具。本研究中也选择该指标反映经济的增长。在大气污染指标选择方面，考虑到霾污染中PM2.5的来源包含一次颗粒物与二次颗粒物，其中一次颗粒物主要来自工业烟粉尘、机动车尾气、扬尘，农村地区秸秆燃烧等的直接产生和排放；而二次颗粒物是污染源排放的 SO_2、NO_x、挥发性有机物等在大气中通过化学变化转化形成的硫酸盐、硝酸盐、有机盐等。一般而言，PM2.5中二次污染物约占到 40%～50%(雾霾时比重更高)，可见 SO_2、NO_x、挥发性有机物等作为PM2.5的前体，与雾霾污染有密切联系。为此本研究在研究京津冀地区当前的大气污染与经济发展之间的关系时，分别采用两种指标进行研究和探讨，一是大气污染排放物——SO_2，另一种是可吸入颗粒物PM10。选用可吸入颗粒物PM10而非PM2.5的主要原因在于后者监测时间过短(统计局对外公布的数据从2013年开始)，回归结果将有失准确与客观；相比之下，国家统计局2003年开始公布PM10的监测数据，并且，根据学者们对PM2.5与PM10之间的关系的研究结果，证明二者之间存在着较为确定的联系，例如，WHO的研究认为二者的比例关系约为0.5～0.8∶1，所以本研究认为利用PM10替代PM2.5是合理可行的。综上，本研究选用SO_2与PM10两类大气污染物，分别研究它们与经济发展的关系，找出当前的大气污染与SO_2污染的异同。

第二节　模型的构建及数据选择

一、模型设计

本章使用简化模型来研究京津冀地区的经济增长和大气污染之间的关系。如前所述，研究中常用的简化模型一般有两种：一是二次回归模型，一是三次回归模型。由于不同的模型有不同的拟合效果，因而本章分别进行二次回归与三次回归，最后对比选择较优拟合模型。模型中除了常数项外未添加其他诸如经济结构、收入不平等有关的变量，因为这些变量一般不随着时间出现明显的变化，加入模型中的意义不大。本章采用Stata软件系统进行计算。

在指标的选择方面，我们做了如下处理：首先，使用人均实际GDP来反映经济的实际增长；其次，采用人均SO_2排放量(工业排放量与生活排放量总和)来反映大气环境的污染程度；最后，采用PM10年平均浓度反映雾霾污染程度。研究找出经济增长与污染物排放以及经济增长与大气污染程度之间的关系。选择SO_2作为反映大气污染程度指标的好处在于：(1)鉴于SO_2与京津冀地区雾霾污染程度有密切的联系，故将SO_2排放量用于反映大气污染程度很具有研究意义和代表性；(2)国内外相似的研究普遍采用SO_2排放量作为反映大气污染程度的指标进行观察和研究，因而本章中研究SO_2排放与人均GDP之间的关系有助于与国内外过去的研究结果进行比对，体现本章研究结果的实用价值；(3)京津冀地区有长期、系统的 SO_2 统计数据，可得数据较为完善，方便进行研究和比较。而选用PM10浓度作为研究的污染指标之一，主要原因如前所述，模型结构如下：

$$\ln PSO_2 = \alpha + \beta_1 \ln PGDP + \beta_2 \ln^2 PGDP + \varepsilon \tag{4.1}$$

$$\ln PSO_2 = \alpha + \beta_1 \ln PGDP + \beta_2 \ln^2 PGDP + \beta_3 \ln^3 PGDP + \varepsilon \tag{4.2}$$

$$\ln PM_{10} = \alpha + \beta_1 \ln PGDP + \beta_2 \ln^2 PGDP + \varepsilon \tag{4.3}$$

$$\ln PM_{10} = \alpha + \beta_1 \ln PGDP + \beta_2 \ln^2 PGDP + \beta_3 \ln^3 PGDP + \varepsilon \tag{4.4}$$

式中：PGDP 表示人均实际 GDP；PSO_2 表示人均 SO_2 排放量；PM_{10} 表示 PM_{10} 年平均浓度；lnPGDP、$\ln PSO_2$ 与 $\ln PM_{10}$ 通过分别对 PGDP、PSO_2 和 PM_{10} 取对数得到。

需要注意的是模型估计出的系数符号的不同会导致曲线形状的不同，主要有以下几种形式：

(1)$\beta_3 = \beta_2 = 0$，$\beta_1 > 0$ 时，环境污染指标随着经济增长单调增加；

(2)$\beta_3 = \beta_2 = 0$，$\beta_1 < 0$ 时，环境污染指标随着经济增长单调减少；

(3)$\beta_3 = 0$，$\beta_2 < 0$，$\beta_1 > 0$ 时，环境污染指标与经济增长之间呈现倒 U 形关系，即先升后降；

(4)$\beta_3 = 0$，$\beta_2 > 0$，$\beta_1 < 0$ 时，环境污染指标与经济增长之间呈现 U 形关系，即先降后升；

(5)$\beta_3 < 0$，$\beta_2 > 0$，$\beta_1 < 0$ 时，环境污染指标与经济增长之间呈现倒 N 形关系，即先降后升再降；

(6)$\beta_3 > 0$，$\beta_2 < 0$，$\beta_1 > 0$ 时，环境污染指标与经济增长之间呈现 N 形关系，即先升后降再升。

二、数据描述

由于数据的可得性不同，本章模型的数据分别为：(1)在研究 SO_2 与经济发展之间的关系时，北京、天津、河北三地人口、GDP 以及 SO_2 排放量数据选用的是 1985—2015 年的时间序列数据；(2)在研究PM10浓度与经济发展之间的关系时，选用的是 2003—2015 年的时间序列数据，需要注意的是因为统计局公布的PM10年平均浓度数据是以城市为对象的，缺少连续的年度省级层面的统计数据，因而本章选择河北的省会——石家庄市，作为河北省的代表进行建模和分析。这一处理方式具有合理性的原因在于：①石家庄作为省会城市，统计数据与河北省其他城市相比最为完备，且最具可获得性；②从产业特点考虑，石家庄市与河北省都有重工业为主的产业特点，而且工业中的钢铁、煤炭比重较高；③因为石家庄的收入水平在整个河北省来说属于较高水平，与北京与天津差距较小，就发展水平而言是与京津二市较为接近的河北城市。

北京、天津、河北及石家庄的 GDP、人口、SO_2 排放量以及PM10年平均浓度等数据来源于国家统计年鉴、北京统计年鉴、天津统计年鉴以及河北统计年鉴等。PM10数据来源于中国环境统计年鉴的主要城市空气质量，其中石家庄的PM10是按照天气网站公布的PM10推断得到的[①]。研究中的实际 GDP 分别是以 1985 年和 2003 年的价格为基期的实际 GDP，其中前者用于以 SO_2 为研究对象的模型中；后者用于以PM10为研究对象的模型中，实际 GDP 除以当年的人口数量，得到人均实际 GDP。表 4.2 和表 4.3 列出了数据的描述性统计性质。

表 4.2　SO_2 排放量与实际人均 GDP 有关变量的描述性统计性质

地区	变量名称及含义	变量单位	均值	标准误	最小值	最大值
北京	GDP(国内生产总值)	亿元	1632.624	1384.732	257.100	4692.970
	PGDP(人均国内生产总值)	元/人	9709.232	6028.157	2620.800	21621.610
	SO_2(二氧化硫排放量)	万吨	231371.7	106034.2	71200.0	382925.0
	PSO_2(人均二氧化硫排放量)	千克/人	18.557	11.226	3.280	33.580
天津	GDP(国内生产总值)	亿元	1036.028	913.403	175.780	3083.330
	PGDP(人均国内生产总值)	元/人	8664.256	6022.67	2184.15	19931.65
	SO_2(二氧化硫排放量)	万吨	248957.6	37675.08	185900	357975
	PSO_2(人均二氧化硫排放量)	千克/人	24.622	6.566	12.020	40.310

① 2015 年石家庄的PM10年平均浓度是从天气网站 http://www.tianqihoubao.com/aqi/shijiazhuang-201512.html 推算得到。

续表

地区	变量名称及含义	变量单位	均值	标准误	最小值	最大值
河北	GDP(国内生产总值)	亿元	2955.099	2594.869	396.750	8793.690
	PGDP(人均国内生产总值)	元/人	4229.385	3478.895	715.12	11843.49
	SO_2(二氧化硫排放量)	万吨	1178470.0	241245.6	630000.0	1545000.0
	PSO_2(人均二氧化硫排放量)	千克/人	17.713	2.820	11.360	22.400
京津冀	GDP(国内生产总值)	亿元	5623.750	4892.048	829.630	16569.990
	PGDP(人均国内生产总值)	元/人	5671.164	4360.617	1131.24	14871.15
	SO_2(二氧化硫排放量)	万吨	165.882	21.136	117.000	197.600
	PSO_2(人均二氧化硫排放量)	千克/人	18.351	2.508	12.260	22.090

注：时间为1985—2015年，以1985年为基期的可比价格。

表4.3　PM10与实际人均GDP有关变量的描述性统计性质

变量名称及含义	单位	均值	标准误	最小值	最大值
BPM(北京PM10年均浓度)	$\mu g/m^3$	127.190	18.890	101.500	162.000
TPM(天津PM10年均浓度)	$\mu g/m^3$	110.770	18.371	88.000	150.000
SPM(石家庄PM10年均浓度)	$\mu g/m^3$	144.050	57.893	98.000	305.000
BGDP(北京地区生产总值)	亿元	10129.320	3543.591	5007.200	15804.710
TGDP(天津地区生产总值)	亿元	6909.770	3534.488	2578.030	12973.540
SGDP(石家庄地区生产总值)	亿元	3022.510	1216.089	1377.940	5025.950
BPGDP(北京人均GDP)	元/人	5.360	1.181	3.440	7.280
TPGDP(天津人均GDP)	元/人	5.242	1.942	2.550	8.390
SPGDP(石家庄人均GDP)	元/人	3.055	1.103	1.510	4.730

注：时间为2003—2015年，以2003年为基期的可比价格。

第三节　实证结果与分析

一、人均 SO_2 排放与经济发展关系的实证结果分析

人均 SO_2 排放与经济发展关系研究的回归结果列于表 4.4。

表 4.4　二次回归与三次回归结果对比($n=31$)

	北京		天津		河北		京津冀	
	二次*	三次	二次*	三次	二次*	三次	二次*	三次
lnPGDP	−1.439*** (−39.29)	−1.444*** (−19.95)	4.328*** (3.99)	−61.55** (−3.01)	2.909*** (9.69)	−6.254 (−1.21)	3.355*** (10.46)	−7.925 (−1.33)
ln^2PGDP	−0.710*** (−9.66)	−0.700*** (−5.66)	−0.263*** (−4.28)	7.257** (3.14)	−0.176*** (−9.46)	0.981 (1.52)	−0.206*** (−10.77)	1.157 (1.61)
ln^3PGDP		0.0111 (0.10)		−0.285** (−3.28)		−0.0483 (−1.81)		−0.0546 (−1.90)
_cons	2.694*** (69.65)	2.692*** (55.05)	−14.44** (−3.02)	177.2** (2.95)	−9.010*** (−7.49)	15.01 (1.09)	−10.58*** (−7.94)	20.35 (1.24)
Prob>F=	0.0000	0.0000	0.0000	0.0000	0.0000	0.0000	0.0000	0.0000
R^2=	0.9574	0.9574	0.7637	0.813	0.8368	0.8547	0.8454	0.8632

注：* 表示 $p<0.05$，** 表示 $p<0.01$，*** 表示 $p<0.001$。

北京市的数据回归结果显示，每个解释变量的系数都十分显著，且模型联合显著；三次回归模型结果显示虽然与二次回归模型相比项增加了 ln^3PGDP 一项的信息，但是回归结果显示拟合优度并无明显变化与改善，而且该项的系数并不显著，说明 ln^3PGDP 所包含的信息量在二次回归中已经包含，属于冗余变量，因而我们认为选择二次回归模型更能反映北京市人均 SO_2 排放与人均 GDP 之间的关系，实际拟合方程见式 4.5。天津市的数据回归结果显示，二次回归模型与三次回归模型单个系数均显著，而且模型联合显著。只是相对于二次模型，三次模型的单个系数的显著程度均有下降，尽管模型拟合优度略有提高，但是仍不能改变二次回归模型更能反映现实的回归结果，因而我们仍然选择二次回归，拟合方程见式 4.6。

河北省的数据回归情况显示，二次回归的单个系数十分显著且系数联合显著；但加入三次项之后，模型单个系数变得不再显著，拟合效果也变差，显然相比之下二次回归模型更好地反映了河北省的经济发展与人均 SO_2 排放之间的关系，拟合方程见式 4.7。

为了了解京津冀作为一个整体的情况，研究中，我们将北京、天津与河北省作为一个整体模拟了该地区的污染与经济之间的关系，即将三地的有关数据合并，和前面一样建立回归模型。回归结果与河北省结果类似，二次回归的单个系数均十分显著；然而在三次回归中则单个系数不再显著，因而就京津冀整个区域而言，二次回归模型与事实更接近（见表 4.4），拟合方程见式 4.8。

北京

$$\ln PSO_2 = 2.694 - 1.439 \times \ln PGDP - 0.710 \times \ln^2 PGDP + \varepsilon \tag{4.5}$$

天津

$$\ln PSO_2 = -14.44 + 4.328 \times \ln PGDP - 0.263 \times \ln^2 PGDP + \varepsilon \tag{4.6}$$

河北

$$\ln PSO_2 = -9.010 + 2.909 \times \ln PGDP - 0.176 \times \ln^2 PGDP + \varepsilon \tag{4.7}$$

京津冀

$$\ln PSO_2 = -10.58 + 3.355 \times \ln PGDP - 0.206 \times \ln^2 PGDP + \varepsilon \tag{4.8}$$

回归结果中我们可以看出，回归方程 4.5～4.8 中二次项系数均小于零，可见北京、天津、河北乃至整个京津冀地区人均 SO_2 排放量与经济发展为倒 U 形关系，符合 EKC 假设（见图 4.1）。回归结果表明，京津冀地区处在人均 GDP① 较低阶段，由于经济发展是由能源大量消耗而推动的，所以随经济增长，人均 SO_2 排放加重；而当经济越过某一拐点达到相对高收入区域时，技术的发展降低空气污染物的排放，此时随着经济的

① 本章的分析中 GDP 或者人均 GDP 表示相应的实际 GDP 以及实际人均 GDP，后不赘述。

发展，人均 SO_2 排放量反而下降。而且，研究结果显示目前的经济处于人均 SO_2 排放量的下降期。

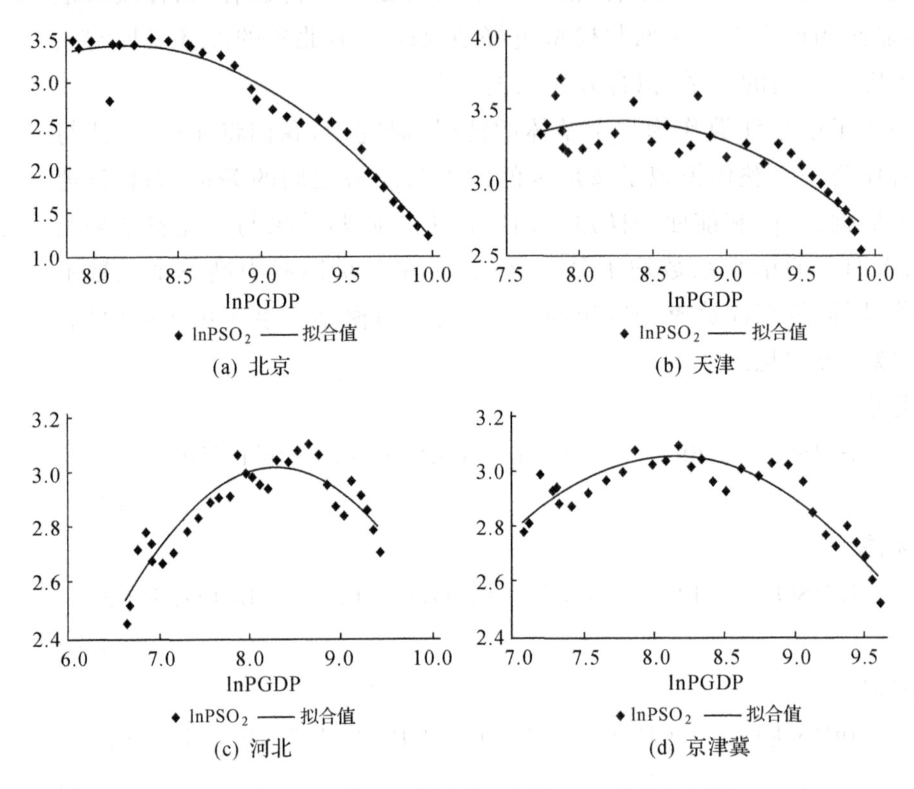

图 4.1　京津冀地区人均 SO_2 排放量与人均 GDP 的拟合曲线（$n=31$）

上文中验证出京津冀的 SO_2 排放污染与经济发展符合倒 U 形的 EKC 假设，说明二者的关系存在拐点。在后面的研究中，我们将采用数理经济学的一阶条件求得极值估计出 SO_2 排放拐点出现的位置。

通过利用函数极值的一阶导数等于零的矢量控制系统定理，推导出北京市人均 SO_2 排放拐点（极值点）出现在 lnPGDP＝－1.0134 处，此时人均实际 GDP 为 3630 元，相应的时间落在 1990—1991 年区间内（见表 4.5）。说明北京在 1990—1991 年间 SO_2 污染已经达到顶点，之后经济增长伴随着人均 SO_2 排放逐渐下降。也可以说，当人均 GDP 低于 3630 元时，人均 GDP 的上升伴随着人均 SO_2 排放程度的增加，而当人均 GDP 超过 3630 元后，人均 GDP 的提高则伴随着人均 SO_2 排放会下降。

天津通过一阶条件，求得极值出现于 lnPGDP＝8.228 处，相应的人均实际 GDP 约为 3744 元，所以拐点大约出现在 1994—1995 年间（见表 4.5）。说明人均实际 GDP 低于 3744 元时，经济发展带来的 SO_2 排放加重；而越过该拐点之后，经济发展则伴随着 SO_2 排放下降。

河北省的回归模型中，通过一阶条件求得 SO_2 排放的拐点出现在实际人均 GDP 为 3882 元之处，约 2010—2011 年之间（见表 4.5）。在人均实际 GDP 未达到拐点时，人均 SO_2 排放随着人均实际 GDP 提高而增加；越过拐点之后，人均 SO_2 随着经济增长而逐渐减少。

同样，将北京、天津、河北作为一个整体进行研究时，模型的二次项系数估计值小于零，表明 SO_2 排放与经济发展之间的关系符合 EKC 假设。通过一阶条件求得人均 SO_2 排放的拐点出现在人均实际 GDP 为 3440 元之处，约在 1999—2000 年。到达拐点前，随着人均 GDP 增长，人均 SO_2 排放加重；越过拐点之后，随着人均 GDP 增长，人均 SO_2 排放减轻。总而言之，研究认为就人均 SO_2 排放量指标而言，京津冀地区的污染—经济关系是符合 EKC 假设的，而且，总体回归结果表明整个京津冀地区已经越过了拐点，拐点出现的时间见表 4.5。

表 4.5　SO_2 排放与经济发展的关系及拐点分析

	曲线关系	拐点（人均 GDP，元）	年份
北京	倒 U 形	3630	1990—1991
天津	倒 U 形	3744	1994—1995
河北	倒 U 形	3882	2010—2011
京津冀	倒 U 形	3440	1999—2000

二、PM10浓度与经济发展关系的实证结果分析

为了找出北京、天津、石家庄PM10污染程度与经济发展之间的关系，本研究将城市室外空气PM10年平均浓度的对数值与对数人均 GDP（2003 年可比价格）做二次回归与三次回归比较与选择。回归结果列于表 4.6 内，其中北京的二次回归与三次回归的结果显示前者单个系数不显著，但联合显著，后者则单个系数与联合系数均显著，且三次回归 R^2 达到 0.8385，显示拟合优度佳，因而北京三次回归模型更佳，拟合方程见

式 4.9。对于天津与石家庄的情况，二次回归模型单个系数显著且联合显著，但三次回归的单个系数均不显著，因而选择二次回归模型，回归方程见式 4.10 和式 4.11。

表 4.6　2003 年PM10排放量与人均 GDP 的拟合曲线

北京			天津			石家庄		
	(1)	(2)*		(3)*	(4)		(5)*	(6)
lnBPGDP	1.553 (1.17)	32.93* (2.35)	lnTPGDP	−2.860*** (−4.64)	−3.443 (−0.66)	lnSPGDP	−3.122** (−3.69)	2.574 (0.55)
ln^2 BPGDP	−0.646 (−1.55)	−20.31* (−2.33)	ln^2 TPGDP	0.938** (4.29)	1.332 (0.37)	ln^2 SPGDP	1.615** (3.36)	−4.633 (−0.88)
ln^3 BPGDP		4.056* (2.28)	ln^3 TPGDP		−0.0856 (−0.11)	ln^3 SPGDP		2.101 (1.15)
_cons	4.068** (3.97)	−12.40 (−1.68)	_cons	6.741*** (16.46)	7.017* (2.90)	_cons	6.193*** (18.36)	4.641** (3.72)
Prob>F=	0.0002	0.0001	Prob>F=	0.0007	0.0005	Prob>F=	0.0098	0.0532
R^2=	0.7618	0.8385	R^2=	0.5701	0.5706	R^2=	0.3702	0.4199

注：* 表示 $p<0.05$，** 表示 $p<0.01$，*** 表示 $p<0.001$。

方程 4.9 中 $\beta_1>0$，$\beta_2<0$，$\beta_3>0$，可见北京地区的PM10与经济增长之间存在 N 形关系。PM10污染程度随着人均 GDP 的增加呈现先升后降再升的趋势，曲线变化存在两个拐点。据一阶条件计算，在第一个最高拐点处，对应的人均实际 GDP 约为 4.00 万元，约出现于 2004—2005 年间；随着经济的发展，颗粒物污染的程度经历了加重、减轻、再加重的过程，其中第二个最低拐点处，对应的人均实际 GDP 约为 7.04 万元，出现于 2014—2015 年。第二个拐点之后，PM10污染由降转升，呈现严重化的趋势，因而可以判断与之有稳定联系的PM2.5浓度亦经过了类似的变化，目前处于二次加重阶段(见图 4.2)，以上人均实际 GDP 均是以 2003 年价格计算的。

天津的回归模型式 4.10 中，二次项的系数为正，说明人均 GDP 与PM10浓度之间是先降后升的 U 形关系，根据一阶条件计算，人均实际 GDP 为 4.59 万元时PM10污染处于拐点，时间大约在 2008—2009 年。拐点前PM10污染程度随着经济的发展而下降，拐点过后随着经济的增长而加重。当前天津PM10污染处于随经济发展而加重阶段，联系到

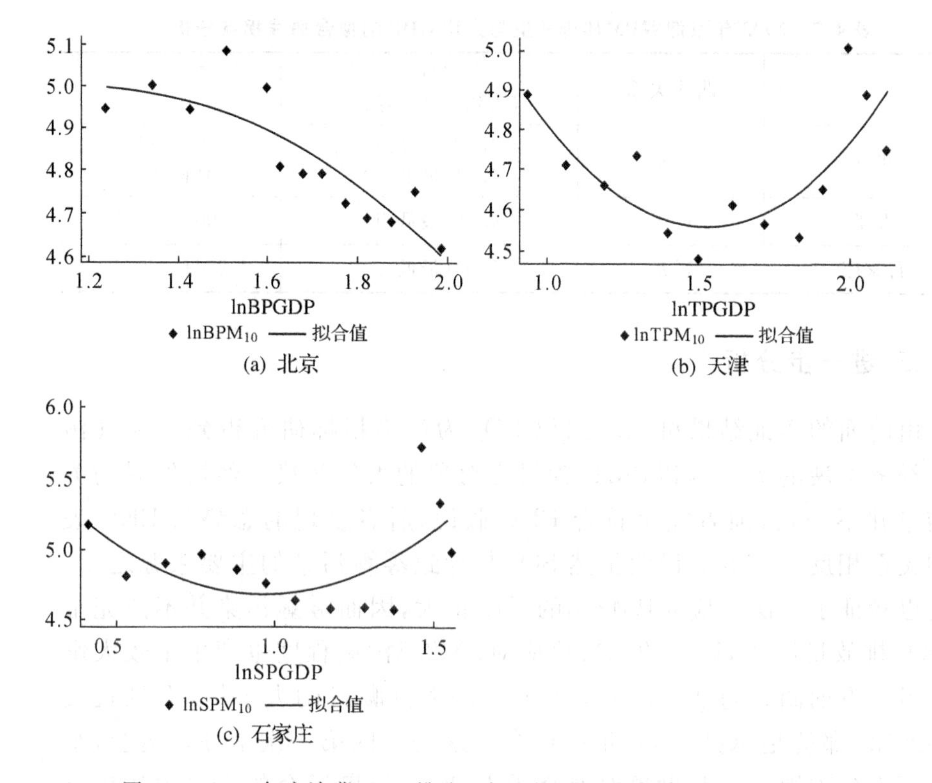

图 4.2　2003 年京津冀PM10排放量与人均 GDP 的拟合曲线(N=31)

PM2.5与PM10之间的关系，说明雾霾污染这些年呈现加重的趋势。

石家庄的二次回归模型中二次项系数亦为正数(见式 4.11)，曲线形状与天津一样，为 U 形，但是曲度较天津平缓，也就是说下降与上升的速度较天津缓慢。按照一阶条件计算，石家庄曾经于人均实际 GDP 约为 2.63 万元(以 2003 年价格为基准)处达到最低拐点，该拐点出现于 2004—2005 年。目前石家庄也处于拐点过后随经济增长污染加重的阶段。

$$北京:\ln PM10=-12.40+32.93\times \ln BPGDP-20.31\times \ln^2 BPGDP+4.056\times \ln^3 BPGDP+\varepsilon \quad (4.9)$$

$$天津:\ln PM10=6.741-2.860\times \ln TPGDP+0.938\times \ln^2 TPGDP+\varepsilon \quad (4.10)$$

$$石家庄:\ln PM10=6.193-3.122\times \ln SPGDP+1.615\times \ln^2 SPGDP+\varepsilon \quad (4.11)$$

表 4.7　2003 年京津冀PM10排放量与人均 GDP 的拟合曲线拐点分析

	曲线关系	拐点 （人均 GDP，万元）	年份
北京	N 形	4.00（最高点） 7.04（最低点）	2004—2005 2014—2015
天津	U 形	4.59（最低点）	2008—2009
石家庄	U 形	2.63（最低点）	2004—2005

三、进一步分析

由前面的实证结果可以看出以 SO_2 为污染指标研究得到的大气污染—经济发展的关系与以PM10为研究对象的大气污染—经济发展的关系结果并不一致，前者完全符合 EKC 假说，后者呈现的态势与 EKC 表达的关系相反。一方面说明虽然 SO_2 是导致雾霾污染的主要来源之一，但是也验证了二次反应对PM2.5的贡献很大，因而雾霾污染并不能完全从 SO_2 排放量说明，后续的二次反应对PM2.5污染程度也产生了较大影响。另一方面回顾过去，中国发生了一件举世瞩目的大事情，而且就发生在北京，那就是承办 2008 年奥运会。这是中国第一次承办奥运会，举国上下十分重视。当时世界对北京承办 2008 年奥运会的主要关注焦点之一是北京的空气能够达到申奥时所承诺的水平。在各方压力与期待之下，中央政府及北京政府动员一切力量，联合周边省市进行了大气污染联防联控，并取得了非常好的治理效果，兑现了申奥时空气质量的承诺，在举办奥运会的清洁空气保障方面递交了一份合格的答卷。在这次多省市联防联控过程中发现，2008 年前，北京及周边重污染省市已经开始对大气污染进行协同治理，因而较大程度上拉低了大气污染—经济增长的曲线；奥运会后，各地企业生产逐渐恢复正常，污染天数增加，污染程度也提高，这就是京津冀三地均异常出现先降后升的环境—经济发展曲线的主要原因。

第四节　本章小结

本章分别基于 1985—2015 年与 2003—2015 年北京、天津与河北省

(石家庄)的时间序列数据,对三个地区的人均 SO_2 排放、PM10浓度与人均实际 GDP 之间的关系进行了实证研究。研究第一步先确定模型的选择;第二步由所选择模型得到回归结果。模型回归结果证明京津冀的人均 SO_2 排放与人均实际 GDP 的关系完美地符合 EKC 的倒 U 形假设,也即是说,对人均 SO_2 排放量而言,确实是在经济发展前期阶段,人均 SO_2 排放随着经济的发展在增加,经过拐点之后,SO_2 排放开始随着经济的进一步发展而逐渐下降。这一关系揭示的经济原因包含经济结构与能源结构调整相关的结构效应,也有能源净化技术、能源利用效率技术以及废气(尾气)净化技术等技术提高的相关效应,还有生产量提高的规模效应等综合作用的结果。不过值得一提的是,北京、天津与河北省拐点出现的时间并不一致,北京早在 1990 年左右就已经出现拐点,天津拐点出现在 1994—1995 年,河北拐点出现得最晚,2010—2011 年出现,这与各地经济的发展水平有密切的关系。

本章考察的另一大气污染物是颗粒物污染程度与经济发展之间的关系。如前所述,本章是为了研究PM2.5污染与经济发展之间的关系,而选用与PM2.5浓度高度相关的PM10浓度指标作为替代,PM10污染与经济发展的关系很大程度上就可以反映霾污染程度与经济发展之间的关系,研究中采用平方与立方模型拟合二者之间的关系。实证研究证明,北京颗粒物污染浓度与经济发展水平呈现 N 形曲线关系,第一个拐点出现在 2004—2005 年间,第二个拐点出现在 2014—2015 年间。这表明第一个拐点之前,颗粒物污染随着经济发展加重;在第一个拐点与第二个拐点之间,颗粒物污染程度随着经济发展下降;经过第二个拐点之后,二者的关系又发生逆转。本章分析其原因是 2008 年前后北京及周边省市为了迎奥运,对空气质量进行多方位严格的联防联控治理降低了颗粒物污染,也拉低了经济发展—空气污染关系曲线。2014 年,北京 APEC 会议召开,为了保障 APEC 会议召开期间的蓝天,北京及周边省市再次启动联防联控应急机制,终于保障了大会期间的清洁空气。如果没有为保障 2008 年的奥运会及 2014 年的 APEC 会议召开而采取的区域联防联控大气污染治理,按照市场规律,北京应该是出现较长期的平缓曲线,所以比较有可能的是十分平缓的倒 U 形曲线。对于天津与石家庄两个城市的颗粒物污染与经济发展的 U 形曲线关系,两个城市的最低拐点与 2008 年奥运筹备不无关系，污染程度—经济发展曲线被拉低。

综上所述，尽管京津冀 SO_2 污染处于 EKC 下降阶段，但颗粒物污染尚处于随着经济发展还在加重的阶段，研究结果表明如果不进行人为控制，未来PM10的污染程度将越来越严重。由于PM2.5与PM10之间的关系较为稳定，这也说明了雾霾污染远没有走到最高拐点，尚处于持续严重化的阶段。至于拐点何时到来，本研究还不能预测出来。但是为了让拐点早点出现，京津冀地区十分有必要采取联防联控的手段进行区域雾霾治理，而非只有重大事件发生前采取区域雾霾应急防治行动。

第五章　京津冀居民的雾霾治理和支付意愿

为了研究大气污染对京津冀居民的负面影响，以及居民对大气污染治理的看法、对相关政策的态度，估计大气污染给当地居民造成的损失，本章采用 CVM 的方法调查和估计居民的平均支付意愿，并分析各种影响因素对支付意愿的影响。

第一节　调查设计

一、调查区域及样本数量

在对京津冀地区的调研中，我们选择北京（39°9′N，116°3′E）、天津（117°10′E，39°10′N），以及石家庄（114°26′E，38°03′N）作为调研区域，以城镇居民作为调研对象。调研区域中以石家庄作为河北省的代表，一方面是因为如果调研整个河北省，调研范围太大带来的调研成本过高，以一个城市作为代表有利于缩小调研范围从而降低调研的时间成本与经济成本；另一方面是因为河北省各市县之间经济水平与居民思想意识相差较大，各城市样本综合在一起得出的结果可得性与有效性方面也受到影响。但是考虑到石家庄作为河北省的省会，经济水平相比而言最为接近北京和天津，选择石家庄作为河北省的代表城市，更容易得到稳定和可靠的实证研究结果。

调研中，我们共收到 1114 份调查问卷，其中北京 457 份、天津 479

份、石家庄178份，收到的问卷比例与三地人口数量比例41∶43∶16[①]接近。删除无效问卷（包括未填关键信息、所填内容与常识不符，填问卷者不足16周岁，或者超过69周岁，或者在当地居住时间不足1年等）后最终得到839份有效问卷，其中321份来自北京，352份来自天津，166份来自石家庄，问卷的总有效率为75%。

二、调研方法与实施

在选择调研的方法上，考虑到当今世界网络的普及，而且京津冀地区基本上家家户户都有电脑，工作生活均离不开网络，所以本章采用面对面调研与网络调研相结合的调研方式。调研需要考虑成本与可操作性问题，因本人居住于北京，对北京地区采用面对面的方式调研比较方便，所以在北京选择了街头调研与网络调研相结合的方式；而对于天津与石家庄，则基本都采取网络调研方式获取数据。其中网络调研依赖专业的调研网站——问卷星网上调查系统开展。由于网络调研，相对于传统的街头调研与入户调研在高效性与便捷性方面有明显的优势，而且国际和国内均有很多研究也倾向于选用网络调研获得一手数据，例如Carlsson、Johansson-Stenman（2000），Jamelske、Barrett、Boulter（2013），Jamelske等（2015）。不过由于网络调研中调研者无法及时回复调研过程中受访者的各类问题，所以有可能受访者不能完全理解调研问卷的真实意图。为了尽量减少乃至消除此类问题的出现，我们在问卷设计过程中细致小心，以免问卷表述不清或者含义模棱两可，导致受访者的选项并不能表达研究者的真实意图。

为了修正问卷，从而获得更有效的调研样本，正式调研之前，我们做了一个面向36个受访者的试调研。试调研的过程中，我们收集受访者对问卷上问题的表达、环境物品的定义以及支付区间设置有关意见。基于这些意见，我们对问卷进行修改和改进，以确保问卷的表达精确，易于理解；并对环境物品的定义也重新做了完善。

---

① 根据国家统计局2015年数据。

三、问卷内容及设置

在内容设置上，本书的调查问卷参考了 NOAA 的 15 条原则和 Portney(1994)的问卷设计等，将内容分为以下三个组成部分：(1)受访者对大气污染的认识和感受(有效性检查问题)；(2)受访者对所评估"商品"的支付意愿；(3)受访者的社会经济背景问题。具体而言，第一部分包括：是否存在大气污染、大气污染的原因、大气污染对健康的影响、居民对大气污染的关心程度、大气污染是否需要治理、治理有哪些手段、对政府机动车限行政策的看法以及最关心的社会问题等八个方面；第二部分包括居民对大气污染治理的支付意愿、支付方式以及大气污染治理由谁主导等问题；第三部分则包含受访者居住地、居住时间、性别、年龄、婚姻、受教育程度、政治面貌、民族、家庭人口、未成年子女个数、职业情况、是否锻炼身体、家庭人均年收入及家庭人均年支出等个人信息。

我们知道，在条件价值评估研究中，单个受访者可能被问到对于假设情景他们的支付意愿的问题。一般给予条件估值方法的支付意愿研究中有四种计价方法/方式以询问受访者的支付意愿：(1)"支付卡片方式"(payment card,PC)，即访问员提供给受访者多个选项(或者卡片)，受访者从中选出最接近他/她真实意愿的选项或者卡片。(2)"开放性答案方式"(open-ended)，即访问员直接询问受访者的支付意愿以及愿意支付的金额。(3)"连续竞价问题方式"(sequential bids)，即访问员询问受访者是否为了达到设计的情景，愿意支付一定数量的金额(如果受访者回答"愿意"，访问者便在此询问对方是否愿意支付某个更高的金额，直至受访者表示"不愿意"；或者受访者一开始回答"不愿意"，访问员按照一定区间降低支付数量，直到受访者表示"愿意"，从而估计受访者的支付意愿)。(4)"封闭式问题方式"(closed-ended)，即访问者询问受访者是否愿意支付某个确定的金额，受访者回答"是"或者"否"，访问员将结果记录下来(Cameron et al.，1987；Wang et al.，2009；Ndambiri et al.，2016)。

以上四种计价方式中，支付卡片方式有很多优点，例如简单、易操作、获取答案效率高、不容易招致反感，而且这个方式很适合网上调研。过去许多研究都表明支付卡片方式下受访者的选择更能反映出他们的真实支付意愿。因此，在我们的研究中，也选择使用支付卡片方式询问受访者对降低PM2.5污染的支付意愿。

问卷的具体情景设置如下：

如果政府通过采取产业结构调整，高耗能、高污染产业整治，交通污染治理以及与区域联合治理等大气污染治理等举措，可以使本市重度污染天数(空气质量指数 AQI>200)降低 80%以上，从而使您及您的家人因空气污染而患呼吸道疾病的次数和程度明显降低。您愿意为此每月最高支付________元用于大气污染治理呢？(假设费用越高，治理效率和效果越好。)

受访者们面临以下六个支付卡片选项：(a)高于 100 元/月；(b)80～100 元/月；(c)60～80 元/月；(d)40～60 元/月；(e)0～40 元/月；(f)0 元/月(不愿意支付)。

此外，在受访者支付工具的选择中，税、费以及账单等是 CVM 研究中最常用的支付工具(Ndambiri et al., 2015)。不过，一些研究者认为支付工具的选择不当有可能引起受访者的抵触，从而使结果产生偏差(Morrison et al., 2000, Ndambiri et al., 2015)。为了避免这个问题，我们在本章的问卷设置中，并不固定某一种支付工具，而是将选择权交到受访者手上。受访者可以自由从以下三个选项中选择较合意的支付工具：①专项税费；②污染物排放权(主要是针对企业)；③成立相关污染治理基金或者其他。将选择权交给受访者的好处是受访者在做支付意愿的选择时，关注的是对降低雾霾污染的支付金额的选择而非支付工具是否恰当，从而不会因为支付工具的原因而影响到支付意愿的表达。另一方面，我们可以从受访者对支付工具的选择上了解到消费者对支付工具的偏好，其结果也可以成为政府制定相关政策和决策的重要参考和依据。

第二节　调查结果及分析

经过统计所有的问卷答案选择，结果显示京津冀居民普遍对大气污染关心程度很高，所有受访者中，47%的居民表示非常关心，44%的居民表示比较关心，9%的居民表示一般关心，没有受访者选择不关心。在"主要是什么原因导致了大气污染"的问题中，59%的受访者认为主要是人类活动导致，37%的受访者认为人类活动与自然因素各占一半，4%的受访者认为不存在大气污染或者不确定。

在"大气污染对您的健康是否有负面影响"的问题中，多达 91%的受访者明确表示健康受到明显的影响，仅有 5%的受访者认为健康没有受到什么影响，剩余 4%的受访者表示不确定。说明健康受大气污染的影响面不仅很广而且很深。

而在现行的大气污染治理相关的政策支持度方面，调查结果显示，京津冀居民对当前政府的相关政策有非常高的支持度：首先，95%的受访者认为需要采取措施进行大气污染治理。其次，在"治理大气污染主要需要依靠什么手段"的问题上，"依靠政府的行政命令"选项拥有 61%的支持率；"依靠经济手段，将环境污染的治理成本反映在高污染高耗能产品的价格中"的选项拥有 77%的支持率；"依靠政府、企业和居民的自觉行动"的选项拥有 65%的支持率。只有 2%的居民选择了不需要治理或者其他选项。最后，对于"机动车辆限行的政策"的倾向性选题中，采取"直接限号上路，以及车辆摇号行政手段"有 68%的支持率；采取"车牌拍卖、征收拥堵费等经济手段"拥有 73%的支持率；15%的受访者不支持任何形式的限制；4%的受访者表示无所谓或其他。这说明公众了解交通对大气污染的贡献，也认可通过对交通的限制达到治理大气污染的目的。在居民最关注的问题中，选"环境问题"的居民人数占绝对优势，达到 20%；其次是医疗问题与教育问题(见图 5.1)。

在对核心问题"雾霾治理的支付意愿"调查中，89%的受访者表示愿意支付一定金额用于大气污染控制，其中：11%的受访者选择了 0～40 元/月；14%选择了 40～60 元/月；23%选择了 60～80 元/月；30%受访者选择了 80～100 元/月；12%的人选择了 100 元/月以上；剩余 11%的受访者选择不愿意支付。受访者不愿支付的原因主要包括以下三类：(1)认为大气污染控制是政府的职责，因此应该政府为此买单；(2)认为污染企业应该为此负责，并支付相应污染治理费用；(3)很难确定公平的居民支付金额。

图 5.2 中列出北京、天津、石家庄三地支付意愿的分布情况，可以看

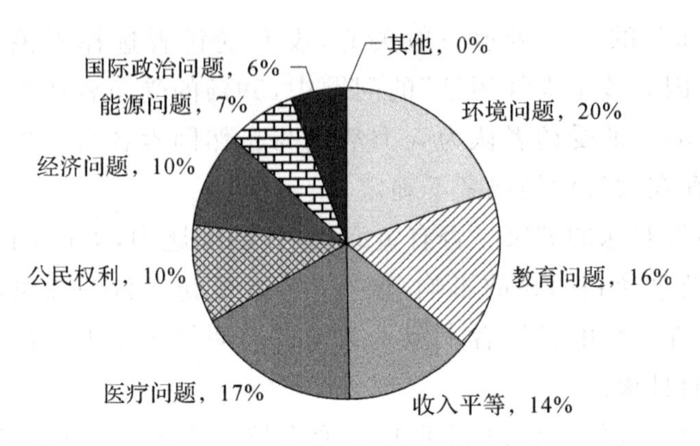

图 5.1 居民最关注的问题

出，石家庄市的受访者愿意支付的金额更高，支付意愿更强，其次是天津，最后才是北京。尽管从居民平均收入水平而言，北京和天津两市远远高于石家庄市；究其原因应该是与每个城市居民长期深受污染困扰有关。表 5.1 列出了调查中所有受访者支付意愿的分布：分布最多的是每月留出 80～100 元作为专项污染治理支出，占到总比重的近 30%；其次是支付意愿在 60～80 元/月，所占比重约 23%；其他的支付意愿区间，所占比重分别约为 10%。

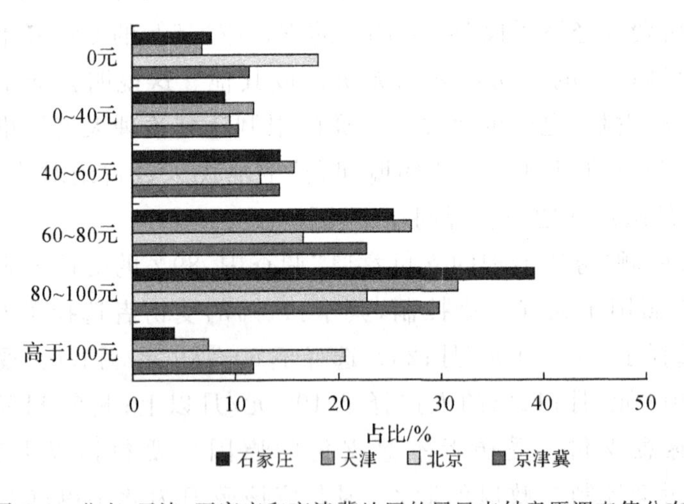

图 5.2 北京、天津、石家庄和京津冀地区的居民支付意愿调查值分布

表 5.1　京津冀地区居民的支付意愿选择(n=839)

WTP 选项(元/月)	频率	百分比/%
≤0	95	11.32
0～40	87	10.37
40～60	119	14.18
60～80	190	22.65
80～100	249	29.68
>100	99	11.80

在支付工具选择的问题中，超过半数的受访者选择“税收或者专项经费的形式”，并通过立法强制性征收；“排放权交易”的选项也很受欢迎，有超过 30%的支持者；有 10%的受访者选了“基金或其他方式自愿缴纳”。这个结果表明京津冀地区居民比较能接受对大气污染的支付成为居民的一个较为固定的职责或者义务。

对于“由谁主导大气污染治理”的问题，57%的受访者认为应该由政府牵头；27%的受访者认为应该由第三方机构负责；15%的受访者认为应该由污染公司/企业自身负责；剩余的 1%的受访者选择了其他。可见政府是居民最信赖的治污牵头者，而且反映出居民对污染企业主导污染治理的不信任。

此外，受访者背景调查结果显示(受访者的社会人口特征)：受访者平均年龄为 32 岁，这一结果基本与第五次全国人口普查的情况一致；受访者中，47%是男性，72%已婚，92%的受访者有正式工作，说明他们有稳定的收入来源与收入预期。经计算所有受访者的家庭年均收入约为 10.3 万元，人均年支出约为 3.73 万元。在受教育水平方面，受访者中，4%在高中及以下学历水平；70%拥有大专/大学学历；25%拥有硕士及以上学历，可见受访者群体比较集中于受过较高教育的人群。而且经统计，受访者大部分是三口之家，占到所有样本的 53%；单身样本占 11%；已婚无孩的两口之家占 12%；四口及以上的家庭占到总数量的 24%，约占 1/4。在运动习惯的问题中，40%的受访者有每周运动 2 次以上的习惯；32%的受访者每周至少运动 1 次；另有 10%的受访者表示大约每两周运动 1 次；剩余者 3%每月 1 次；15%的受访者基本不锻炼，可见大部分受访者有规律的锻炼习惯，样本人群对健康有较高的重视程度。详细调研结果列于附录中。

第三节　模型及数据

一、变量与数据说明

根据调研问题，以及调研结果，本章将其中18项经过一定的处理，得出18个解释变量，这些变量涵盖的信息包括被访者的社会经济状况(SES)、健康情况以及所在城市大气污染情况等。所有解释变量的统计性质列于表5.2中，其中性别、婚况、有无正式工作、健康是否受到大气污染的影响、是否认为政府应采取措施治理大气污染、家中是否有未成年人、是否有自有住房、是否有私人汽车、是否有运动习惯九个变量设置为虚拟变量，取值“0”或“1”。

表5.2　解释变量的说明及统计性质

变量	变量说明	均值	标准差	最小值	最大值
gender	性别(男性=1,其他=0)	0.467	0.499	0	1
marry	婚姻状况(已婚=1,其他=0)	0.719	0.450	0	1
work	就业状况(有正式工作=1,其他=0)	0.917	0.277	0	1
health	健康状况(健康受到大气污染的影响=1,其他=0)	0.906	0.292	0	1
control	是否同意“政府应该采取措施治理和控制大气污染”(同意=1,其他=0)	0.952	0.224	0	1
child	家庭有无未成年人(有=1,其他=0)	0.664	0.473	0	1
house	是否有自有住房(有=1,其他=0)	0.725	0.447	0	1
car	是否有私人汽车(有=1,其他=0)	0.647	0.478	0	1
exercise	是否经常运动(是=1,其他=0)	0.820	0.384	0	1
time	在北京/天津/石家庄市居住的时间	10.322	10.038	1	58
education	受教育程度	2.216	0.512	1	4
family size	家庭人口	3.051	1.158	1	6

续表

变量	变量说明	均值	标准差	最小值	最大值
income	家庭年均收入	10.271	9.926	1.667	40
expenditure	家庭人均年支出	3.730	2.101	0.12	7.2
age	年龄	32.336	8.115	1	58
age^2	年龄平方	1111.392	601.423	1	4
party	是否党员(是＝1,其他＝0)	0.389	0.4877	0	1
nationality	民族(汉族＝1,其他＝0)	0.963	0.1887	0	1

二、模型的设置与估计方法

本研究使用两部分模型估计京津冀居民对于降低大气污染的平均支付意愿(WTP),该方法 RAND 公司在研究医疗保健需求时曾经用过(Duan et al.，1983),Wang、Mullahy(2006)在研究居民对提高重庆空气质量的支付意愿时也用过。

模型的第一部分使用 probit 模型估计居民支付意愿大于零的概率,含义是居民愿意为降低雾霾污染支付金额的概率。在模型的第二部分中,对于支付意愿大于零的居民样本,采用区间最小二乘法的方法估计这些受访者的平均支付意愿。最后,通过将模型第一部分估计出的受访者愿意支付的概率乘以模型第二部分估计出的条件均值,即愿意支付的受访者的平均支付意愿,从而得到所有样本总的平均支付意愿(Wang、Mullahy，2006；Ndambiri et al.，2016a)。

第一部分:Probit 模型

$$y=\beta_0+X\beta_1+\varepsilon \qquad \varepsilon\sim N(0,\sigma_1^2) \tag{5.1}$$

其中:$y=1$,如果 WTP＞0　受访者愿意支付；

$y=0$,如果 WTP ⩽ 0　受访者拒绝支付。

$$Prob(y=1|X)=Prob(\text{WTP}>0)=\varphi(\beta_0+X\beta_1) \tag{5.2}$$

$\varphi(x)$是正态累积方程,

$$z=\beta_0+X\beta_1, z\sim N(0,\sigma_1^2)$$

第二部分:区间回归

$$\text{WTP}|(\text{WTP}>0)=\gamma_0+X\gamma_1+\eta \quad \eta\sim N(0,\sigma_2^2) \tag{5.3}$$

注意，WTP_L 代表受访者愿意支付的最高金额，WTP_U 是受访者从愿意转到不愿意的最低金额（Ndambiri，2016b）。

因此有：

$$\text{WTP}_L\leqslant \text{WTP}<\text{WTP}_U$$

$$Prob(\text{WTP}_L\leqslant \text{WTP}<\text{WTP}_\upsilon|\text{WTP}>0)$$

$$Prob(\text{WTP}_\upsilon|\text{WTP}>0)-Prob(\text{WTP}_L|\text{WTP}>0)$$

平均 WTP：

$$E(\text{WTP})=Prob(\text{WTP}>0)\times E(\text{WTP}|\text{WTP}>0) \tag{5.4}$$

式中：X——解释变量向量，表示受访者或者估值物品的特点；

β 和 γ——回归系数向量；

ε 和 η——误差向量，服从正态分布，其中 $\varepsilon\sim N(0,\sigma^2)$，$\eta\sim N(0,\sigma_2^2)$。

第四节　实证结果和分析

一、居民对减少PM2.5污染愿意支付的概率估计及影响因素分析

我们用 probit 模型估计出京津冀居民对降低PM2.5污染的支付意愿大于零的概率约为 75%。表 5.3 中的模型回归结果可以看出，性别和教育程度与居民有支付意愿的概率负相关；“是否有运动习惯”和“是否党员”与居民有支付意愿的概率正相关。

可见，对降低PM2.5污染，女性比男性愿意支付的概率更高；党员比非党员愿意支付的概率高；经常运动的人比不经常运动的人愿意支付的概率更高，这些结论均与常识相符，因为女性群体较男性群体细心、敏感，可能体质也更弱，所以受污染影响更加明显，因而更愿意支付。一般而言，经常运动的人较不爱运动的人更加注意身体健康，所以更关注污染对健康的危害，从而愿意支付的概率更高。有意思的是，按照模型结果，我们发现教育水平越高的居民，愿意支付的概率反而越低。我们分析其主要原因是受教育水平高与收入水平正相关，受教育水平往往意味着收入也较高，那么一般他们降低污染对个人危害的途径也会更多，比

如购买专业口罩、安装室内空气净化器，甚至工作的环境就有空气净化装置。由于本研究的样本中特别低教育水平的样本所占比重较少，所以在一定教育水平的人群中发生上述情况是可能的。模拟结果显示这四个变量的系数都十分显著（$P<0.01$）。

表 5.3　probit 模型回归结果（$n=839$）

变量	Coef.	方差	$P>z$
gender***	−0.3492	0.1310	0.008
marry	0.0535	0.2118	0.801
work	−0.0671	0.2376	0.778
health	0.0157	0.2463	0.949
control	0.0790	0.3128	0.801
child	0.0347	0.1817	0.849
house	0.1988	0.1702	0.243
car	0.1244	0.1563	0.426
exer***	0.7268	0.1492	0.000
time	−0.0077	0.0065	0.233
educ***	−0.4254	0.1261	0.001
fsize**	−0.1553	0.0711	0.029
income**	−0.0208	0.0088	0.019
expen	0.0107	0.0311	0.730
age*	−0.0995	0.0534	0.062
age^2	0.0009	0.0007	0.202
party***	0.4048	0.1482	0.006
nationality	−0.1938	0.3367	0.565
_cons***	5.0527	1.0795	0.000
Pseudo R^2	0.1651	$P>\chi^2$	0.0000
P(WTP>0)	0.7521		

注：*、**、*** 代表显著水平分别为 10%、5%、1%的情况。

此外，模型运行结果还显示受访者愿意支付的概率与家庭人口数量、年龄有显著负相关关系，也就是说家庭人口越多、年龄越大的居民愿意支付的概率越低。此外，居民收入与愿意支付的概率也存在显著负相关关系，原因与前面的教育水平变量类似，而且实际上，由于人们的消费行为与消费观念有很紧密的联系，考虑到为更好的空气质量支付，意味着洁净空气成为一种商品，具有价格，这显然与人们的传统观念相违背，很多时候，人们很难接受这个观念的转化。而且，高收入和高学历的家庭一般意味着消费能力更高，相应的工作条件和社会条件也更好，他们可能更容易找到环境物品的替代品，从而更有理由选择不支付。

结论还显示，少数民族为了清洁空气支付的可能性比汉族更高，这一点与 Eric et al.(2014)的研究结论一致；已婚者比未婚者愿意支付的概率更高；拥有汽车和房产的人比没有汽车和房产的人更愿意支付，不过这几个变量的回归系数并不显著。

二、愿意支付的受访者的平均支付意愿的估计及影响因素分析

我们研究了在区间回归中自变量的影响因素。区间回归结果显示，在愿意支付的受访者当中，年龄、受教育水平、收入和支出与愿意支付的数量(WTP)有显著的正相关关系。这就是说，年龄越大、受教育水平越高、收入和支出越高的受访者，愿意支付的金额越高。需要注意的是，“受教育水平”与“收入”变量的系数符号与第一部分的 probit 模型中的符号正好相反。表示的是对于愿意支付的受访者，收入越高、受教育水平越高则愿意支付的金额越高，仍与事实相符。而且婚姻状况以及性别的系数符号也显示与前面部分的 probit 模型中的符号不同，说明在愿意支付的人群中，未婚人群比已婚人群、男性比女性愿意支付的金额更高。除此之外，家庭中有未成年孩子的受访者愿意支付的数额也更高。汉族比少数民族、党员比非党员受访者愿意支付的金额更高(见表 5.4)。据区间回归后的估计，愿意支付的受访者们平均支付意愿约为 66.70 元/月。

表 5.4　区间最小二乘法回归结果(n=839)

变量	Coef.	方差	z	$P>z$
gender	0.0408	1.9847	0.02	0.984
marry	−4.2552	2.9945	−1.42	0.155

续表

变量	Coef.	方差	z	$P>z$
work	−0.4643	4.0756	−0.11	0.909
health	−1.8905	3.6730	−0.51	0.607
control	5.0089	4.5994	1.09	0.276
child	1.6335	2.6583	0.61	0.539
house	3.4575	2.8418	1.22	0.224
car	1.5465	2.5735	0.60	0.548
exer	4.1381	2.8789	1.44	0.151
time	−0.0422	0.1075	−0.39	0.695
educ**	5.5016	2.0390	2.70	0.007
fsize	1.4437	1.0951	1.32	0.187
income**	0.2679	0.1389	1.93	0.054
expen**	0.8752	0.4935	1.77	0.076
age***	2.1175	0.6013	3.52	0.000
age^2***	−0.0276	0.0083	−3.31	0.001
party	0.7565	2.1283	0.36	0.722
nationality	0.9211	4.9912	0.18	0.854
Log likelihood	−1152.5112		$P>\chi^2$	0.0000
E(WTP>0)	66.6978			

注：*、**、*** 代表显著水平分别为10%、5%、1%的情况。

三、平均支付意愿的估计与分析

根据前文的结论以及式5.4可以计算出受访者的平均支付意愿的金额约为50.16元/月，约合602元一年，相当于京津冀地区人均GDP的1%。将此研究结果与过去相关研究结果对比（见表5.4），有以下发现：(1)Carlsson、Johansson-Stenman(2000)在对瑞典的有关研究中，估计出瑞典在减少50%的大气污染物的假设情景下居民的平均支付意愿为2000瑞士克朗/年，按照当年的汇率计算，相当于1574.2元/年，约占人均收入的 0.59%[1];Jamelske 等(2014)在对美国居民减轻气候变化的不利影响的支付意愿的研究中,估计值为人均 508.2 美元/年,与当年美国人均 GDP 水平(5.46 万美元)对比,该支付意愿大约占到当年人均 GDP 的 0.93%的比重。按绝对数额计算,瑞典与美国居民的平均支付意愿均高于我国京津冀地区,其原因与发达国家高收入、高生活标准以及更好的环境和更高的健康意识有关。不过,如果考虑人均产出,本研究估计京津冀居民平均支付意愿约占人均 GDP 的 1%;美国居民的支付意愿所占比例略低,约占 GDP 的 0.93%;瑞典的更低,约为 0.59%。从这一角度而言,可以反映出京津冀地区严峻的污染形势及居民治理大气污染的迫切心理。(2)相对于一些发展中国家的研究结论,京津冀居民的支付意愿显然更高,例如 Ndambiri 等(2015)的研究结论是为了改善城市空气质量,肯尼亚内罗毕市居民的支付意愿约为肯尼亚先令 396.57/月,约合 4.67 美元。(3)相比于中国的其他相关研究,本研究得到居民大气污染治理支付意愿更强,金额更高。我们分析,产生这一结果原因有三:第一个原因是与问卷情景设置的差异有关。曾贤刚等(2015)的情景设置是 PM2.5减少 60%,杨开忠等(2002)的情景设置是假设大气污染物浓度下降 50%等,而本书的问卷中所设置的场景是 AQI 高于 200 的严重污染的天数减少 80%。该情景设置更贴近京津冀当地的污染现实,因为该区域大气污染严重,而且重污染天数多,此情景设置显示的是对污染的显著改善,这一本质改善需要投入的成本显然很高。第二个原因是随着这些年经济的增长,人们收入和购买力水平也在不断提高,对于空气污染的加重以及人们受影响程度的加深等综合情况,人们治理意愿显著提升,所以反应在支付意愿方面就越来越高。第三个原因来源于样本的选择问题,这一部分将在下一节进行专门探讨。

---

① 根据世界银行数据,瑞典 2000 年时的人均 GDP 为 36816 国际美元,乘以当年的平均汇率 1 美元=9.16 瑞士克朗,最终得到的人均 GDP 约为 337234.56 瑞士克朗。

表 5.5　相关文献研究结果比较

研究	公共物品	情景	平均支付意愿	支付格式
本书	PM2.5 污染，京津冀	使 AQI＞200 的重污染天数下降 80%	602 元/年	支付卡片式
Carlsson，Johansson-Stenman(2000)	大气污染，瑞典	将空气中的有害物质降低 50%	2000 瑞士克朗/年，约合 1574.2 元/年	开放式问题
王等(2006)	大气环境，北京	未来五年降低 50%的空气污染物浓度	143 元/年	开放式问题
Wang，Zhang(2009)	空气质量提高，济南	空气质量从第三级提高到第二级	100 元/年	开放式问题
Jamelske et al.(2014)	气候变化，中国和美国	减轻气候变化的不利影响	214.51 美元/年，中国；508.2 美元/年，美国	双边界二项选择
Ndambiri et al.(2015)	改善空气质量的管理，肯尼亚内罗毕市	提高空气质量的管理——减少机动车排放	Kshs. 396.57/年	支付卡片式
曾贤刚等(2015)	PM2.5 污染，北京	(1)降低 30% PM2.5的浓度 (2)降低 60% PM2.5浓度	(1)273.36 元/年 (2)477.84 元/年	开放式问题

四、研究的局限性

如上文所述，研究的结论与样本选择有关。由于研究中选择了网络调研的方式，所获样本具有如下分布特点：

据北京、天津和河北三地统计局公布数据，三地的年人均可支配收入分别为 52859 元、34101 元和 26152 元[①]；按每个家庭双职工计算，城镇家庭年均收入分别为 10.56 万元、6.8 万元与 5.2 万元。本章的调研结

① 数据来源：2015 年北京市统计公报、2015 年天津市国民经济和社会发展统计公报以及河北省 2015 年国民经济和社会发展统计公报。

果是受访者的家庭年均收入约为10.3万元，样本中北京城镇居民的数量占38%，研究中所获取的样本收入偏高，样本属于较高收入人群，这与较高的受教育水平分不开。

在受教育水平方面，受访者中5%为高中及以下学历水平；70%拥有大专/大学学历；25%拥有硕士及以上学历。按照第六次全国人口普查情况，北京市受教育程度高于大专水平的居民所占比例为31.5%；天津市这一比例为17.48%；河北省的这一比例仅为7.3%。虽然该数据没有区分城镇居民与农村居民，但是足以说明研究中采集的居民样本受教育水平偏高，从而也解释了收入水平偏高的问题，证明了样本选择的问题。产生这一结果的原因是使用网络进行日常学习和工作并愿意参与网络学术调研的成年人多是有较高教育水平以及处于社会中上阶层的人士，因而与前面的调查方式有关。

此外，本研究在设定调研范围的时候，将省会城市石家庄市作为河北省代表，这一选择也存在着样本选择的问题。受访样本比较集中于受过较高教育和收入较高的人群，我们将其定义为社会中上阶层的人士。

因而本章对平均支付意愿的调查估计结果，不能简单代表整个京津冀居民的一般水平，研究结果只能证明代表受教育水平较高、收入较高的社会中上阶层人群的平均支付意愿。

第五节　本章小结

本章采用条件估值法研究京津冀地区居民对PM2.5污染治理的支付意愿。问卷调查数据显示环境恶化已经成为京津冀地区居民最关注的问题之一，当地居民对PM2.5的了解与认知度都比较高，并且非常支持政府在雾霾治理方面的政策。

在受访者中，89%的人表示愿意为大气质量改善支付一定数量的金钱，剩余11%的人表示不愿意为此支付，主要原因是他们认为治理大气污染是政府以及污染企业的责任，因而应该由污染企业或者政府为之买单。另外一个原因就是受访者顾虑无法确定公平的支付金额。

研究中使用两部法模型估计了京津冀地区居民对减少PM2.5重污

染天数的平均支付意愿为 50.16 元/月，相当于 602 元/年，约占到地区当年人均 GDP 的 1%。相比之下，本研究的估计结果不仅较国内以前的研究结果高(Yang et al.，2002；Wang et al.，2006；Zeng，2015)，也比一些发展中国家的治理意愿和支付意愿高(Ndambiri et al.，2015；Dziegielewska et al.，2005)。

在计量分析过程中，研究发现居民具有支付意愿的可能性与性别、教育水平、收入、家庭人口数和年龄等变量显著负相关，与运动习惯及党员身份显著正相关。不过，对愿意支付的居民，平均 WTP 金额与居民收入、居民支出和年龄显著正相关，与教育水平显著负相关。

总的来说，京津冀居民对减少 80%严重污染天数的平均支付意愿与收入、支出、年龄、年龄平方还有教育水平显著正相关，而婚姻状况，有无工作，对大气污染的态度、家中有否未成年人，以及有无房、车对结果也有影响。

京津冀地区的严重雾霾给当地居民健康和社会经济带来了巨大的损失。如果投入一定的力量治理雾霾，就可以一定程度上避免这些损失。正如我们所知道的，鉴于严重的大气污染，中国政府出台了一系列大气污染治理措施，而且设置了治理目标和时间计划。然而，治理措施的执行需要大量经费。据财政部消息，中央财政已安排50 亿元资金用于京津冀及周边地区的大气污染治理工作。环保部污染防治司司长赵华林表示 2012—2017 年我国将投入 1.7 万亿元进行大气污染治理。然而学者们认为治理需要的投入不应该全部来源于政府，资金来源渠道可以多样化。中国科学院(Chinese Academy of Sciences，CAS)研究建议环境治理支出 20%来自于政府，80%来自于企业和居民(CAS，2013)。本研究评估出京津冀居民对于雾霾治理的支付意愿，可以为政府了解人们对污染治理及相关政策的态度并为制定相关政策提供一个参考。

对于这一尝试，本研究中尚存在以下不足：

首先，受限于样本收取的方式(研究中采取网络问卷的方式发放)，我们所获取的样本分布空间不能得到很好控制，导致样本相对较为集中，从而产生样本选择问题，进而对估计结果产生一定影响。具体而言，研究的样本集中于收入偏高、受教育程度偏高的群体；而且研究选择省会城市石家庄作为河北省的代表，很大程度上对于整个河北省来说也存在样本选择的问题，并不能很好地代表河北省居民的平均意愿。所以本研究分析结果只能代表这一群体——中高阶层人士。如果想得到具有普遍性的结论，样本范围需要扩大，而且需要根据人口结构特征进行设置与调整。

其次，样本数量有限。本研究因人力、财力有限，最终收到有效样本839份，较显单薄。研究若有大样本数据支撑，会更加丰满，最终的估计结果也会更加显著，检验结果也会更加准确。

因此，未来的研究应在以下两个方面进行改进和提高：一是需要按照人口的真实结构将问卷尽量发到各类人群手中，不同的收入水平、工作状态、收入状态、受教育程度以及不同的年龄层等；二是尽可能扩大样本容量，有了大样本做支撑，所获得的计量结果，会更加科学和可靠。

第六章　京津冀雾霾治理对策分析

区域协同发展指的是在特定环境下，城市之间在产业、政策环境等方面相互依存、相互开放，逐渐形成发展同步、利益共享的相对协调状态。近年来，学者们对于区域经济协同发展的研究主要集中在区域产业转移、要素流动、区域创新或者区域政策等方面，现如今，在经济发展进入新常态后，经济发展的速度和动力、发展所依托的资源和要素、发展的路径和支撑体系都出现了诸多变化，区域经济协同发展理论也有了新的探索（王金杰、周立群，2015）。因此京津冀区域协同发展需要适应新常态经济，在此视角下的雾霾治理不单单意味着京津冀联防联控治理雾霾，其内涵和意义更为深广。

第一节　京津冀雾霾协同治理的必要性

一、地理位置和气候特点决定了京津冀的大气环境相互影响

从地理位置看，北京、天津两市相邻，并环抱于河北省中央；从面积上看是“大”河北将“小”北京和“小”天津包裹其中。可见，北京、天津、河北山水相连，空气相通，因此各地产生的大气污染物容易相互输送，相互影响。

就地理环境而言，京津冀地区的北侧是东西走向的燕山山脉，而西侧是南北走向的太行山脉，东侧靠近渤海湾，南面临于华北平原，而且京津冀地区西北部还是京津冀地区河流的上游，地形较高且山高林密，植

被丰盛，是天然的生态屏障；而东南部地形较为平坦，是工业密集的天津与河北。所以京津冀区域属于半封闭地形，一旦天气静稳，污染物容易累积，就会加重该区域的空气污染程度。

从风向和产业特点看，京津冀区域的主导风向是西北风，主导风向的上游是西北方向的张家口市与承德市，这两个城市经济主要以非污染性企业为主，所以西北风刮出的是洁净空气。京津冀区域中处于主导风向的下游区域污染产业较多，很多位于河北省内的邢台与邯郸等城市，产业以钢铁、煤炭等为主，不过距离北京较远，影响较小；廊坊与保定距离北京较近，但一个以电子信息、食品加工产业为主，一个以汽车部件、新型能源和特色旅游为主，对空气质量基本不怎么产生负面影响；其他诸如石家庄、衡水、沧州、唐山等市均以污染性产业为主，加上有严重工业污染的天津共同围绕北京形成一条弧状污染带，我们将之简称为“环北京污染弧”。在这个污染弧影响的区域内，东南风与西北风交替出现影响区域内的大气质量。当东南风刮起时，污染弧区域的污染空气被刮入北京；西北风刮起时将北京产生的污染空气吹到北京市外围的东南区域。因此，北京、天津、河北三地产生的雾霾污染你中有我、我中有你，在区域的上空流动。

可见，北京、天津、河北三地均会产生污染排放，但如若分而治之，则始终存在“北京消费，津冀买单”或者“津冀消费，北京买单”的问题。步调难统一，治理效果就不明显，最终结果就是三地均难以摆脱雾霾的危害。因此，治理大气污染不能仅着眼于各自行政区划内的空气质量，而是应该着眼于整个京津冀地区，才能从根本上解决本地的雾霾污染问题。联防联控即是将京津冀视为一个统一的系统，从区域共同发展角度认识问题解决问题的思维方式。

二、分而治之的治理效果有限

我们知道，按照国家环境保护部门PM2.5的来源分析，北京自产的PM2.5约60％来源于燃煤、机动车燃油、工业使用燃料等燃烧过程，剩下40％来自于其他排放。所以过去，北京采取的雾霾治理政策主要分三类：一是外迁污染企业；二是压减煤炭消费和提高清洁能源使用比例；三是机动车污染防治。具体而言如下。

首先,早期北京通过向河北省外迁污染企业达到治理大气污染的目的。自 1998 年以来,北京市连续实施了 16 个阶段的大气污染治理措施,先后关停了 200 多家重污染企业,其中包括搬迁首都钢铁厂、北京焦化厂等历史标志性企业,而后又撤出了 1341 家一般制造业和污染企业,使得区域能源强度降到每万元 GDP 消耗 0.43 吨标准煤,达到全国最低水平。据统计局统计数据显示,这一大气污染治理手段有明显的治理效果,在该政策的执行下,北京市空气中 SO_2、NO_2、可吸入颗粒物等大气主要污染物的排放和浓度持续下降。

其次,压减燃煤消耗量,提高清洁能源使用比例,是北京市治霾路线首要的基本战略。在削减燃煤方面,北京的手段主要有:关停燃煤电厂、建设四大燃气热电中心、进行核心区“煤改电”、燃煤锅炉清洁能源改造等重要工程,通过这些手段压减燃煤使用量。例如 2009 年,北京市政府给 7 万多户二环内文化保护区居民实现“煤改电”;2013 年底,北京市实现核心区 4.4 万户居民“煤改电”外电源工程完工,改造与完成城区 1600 蒸吨燃煤锅炉、4.4 万户平房采暖清洁能源;2015 年六城区实现“基本无燃煤锅炉”;到 2016 年“清洁空气行动计划”落实完毕,城市年燃煤总量削减至 1000 万吨以内,核心城区基本实现了“无煤化”。从外围来看,一些新的有关工程在不停地加足马力进行建设,例如新建陕京四线、大唐煤制气(密云—李桥段)工程以增加北部供气通道,以加强电力、天然气等清洁能源的供应力度。

最后,机动车污染防治是北京治霾的另一重要战略。这几年,北京淘汰了 205 万辆老旧机动车,并在公交、环卫、政府机关推广使用新能源汽车,实施京 V 排放标准。2014 年,北京小客车的限购政策进一步升级,摇号指标也从之前的每年 24 万辆缩减至 15 万辆;同时,启动新能源车私人购买试点;并且,许多新建的小区承诺会建立足够多的充电桩,以保证新能源车的使用。另外按照《北京市 2013—2017 年清洁空气行动计划》规定,为了达到降低机动车尾气中污染物排放的数量目标,到 2017 年,北京市机动车使用的汽油和柴油数量总和要比 2012 年下降 5%及以上。

相较于北京严苛的大气污染治理手段,天津与河北的治理手段则温和得多。

天津。首先严格控制煤炭消费,表现在:一是在燃煤方面,实施燃煤供热锅炉改燃或并网;加强扬尘污染监管;提高清洁能源及外购电比重,以控制燃煤增量,逐步改变以燃煤为主的能源消费模式。二是控制燃煤电厂的新建。三是对于小火电机组的治理方面,深度治理工业自备电厂小火电机组。四是禁止在中心城区、滨海新区及环城四区新建、扩建燃煤供热锅炉房。五是实施燃煤锅炉并网和清洁能源改造,通过这五项措施严格控制煤炭消费总量,使得2015年天津煤炭消费量与2010年相比增量控制在1500万吨以内。其次,推进城乡统筹,有效控制新增人口规模。再次,提高环境准入门槛;淘汰落后产能,优化工业布局。对火电、钢铁、建材、水泥等重污染行业按期关停和淘汰国家明文规定的落后产能项目。最后,对工业废气排放方面,加强工业企业烟气脱硫、脱硝和烟粉尘治理;实施重点行业挥发性有机物治理;对于机动车排放治理,淘汰黄标机动车,加强机动车排气污染防治,实行国家第Ⅳ阶段机动车排放标准,加快完善公共交通系统,发展新能源汽车。

河北。很多人认为中国雾霾看河北,实际上京津冀的雾霾更要看河北。尽管河北也采取了一系列的控制大气污染的政策措施,但是由于京津冀三地经济实力悬殊,生活水平差距大,所以与京津相比,手段和目标温和得多。例如2015年河北省大气污染防治工作领导小组办公室下发的《河北省大气污染深入治理三年(2015—2017)行动方案》中称,到2017年,河北省煤炭消费量比2012年净削减4000万吨[①],根据河北省发改委公布的数据,2012年河北省煤炭消耗约3亿吨,表明2017年比2012年年均下降幅度为13.33%;该方案还提出加快气源供应体系的建设,到2017年力争将天然气使用量提高到160亿立方米,相当于1942.9万吨标煤。据2014年数据,河北省2014年消费天然气744.74万吨标煤。也就是2017年比2014年增长161%。而且按2014年数据,160亿立方米占到当年能源消费总量的6.63%。按照2017年能源消费量的增长,这个比例会下降。而北京,在2014年,天然气早已达到21.1%的比重,2015年更是进一步上升到29%,煤品比重相应下降到13.7%。2014年,天津天然气消耗占比5.9%,煤炭消耗占比38.4%。所以这个增长实际对于改善能源消费结构而言是杯水车薪。

---

① 数据来源:http://www.xinhuanet.com/politics/2015-04/14/c_1114965433.htm.

尽管北京、天津与河北分别采取了以上诸多措施，三地的雾霾治理效果如下：2015年，北京、天津、河北的PM2.5年平均浓度分别为81、70、77$\mu g/m^3$，比2013年分别下降了9%、27%与29%，年均下降5%、15%、16%左右，2015年北京的PM2.5浓度反而比天津与河北高；到2016年，北京重污染天数有所减少，但是对全年PM2.5浓度的贡献仍然达到了31.5%（吴婷婷，2017）。可见取得的成绩是显著的，但未来的道路依然艰巨而漫长，特别是尽管北京密集采取了多项防治大气污染政策，而且雾霾治理力度最大，收到的效果却最差，由此可见大气污染的扩散特性，分而治之效果有限，分隅而治更不能很好地解决京津冀地区的空气污染问题。河北经济落后，治理力度与治理能力远不能与京、津二市相提并论，需要采取联防联控，将京津冀作为一个整体进行雾霾治理。

三、协同治理效果显著，且相对成本较低

从上节的分析中不难发现，尽管北京对雾霾污染花大力气治理，不过治理效果反而是最差的，这与天津与河北的污染治理力度不及北京分不开。

从经济发展阶段来看，北京现如今处于后工业发展阶段，进一步提高第三产业和降低第二产业的空间有限，而且成本很高。比较而言，天津改善结构的空间比北京大，河北省的改善空间更大，因为河北省尚处在重工业发展中期，能源结构乃至经济结构还有巨大提高和完善空间。所以同样多的投入，用在北京和用在河北，治理效果完全不一样。2014年，北京市相关环保部门提出投入6700亿元用于雾霾治理，如果部分转移给河北用于污染治理，用于环保类技术的提高，比如说为企业安装脱硫脱硝装置以及尾气净化装置，治理效果将超过投放于北京市市区内污染治理。因为即使采取许多先进的雾霾治理措施，也都面临边际产出递减的规律，使得经济越向前发展，环境治理成本越高。例如北京的一些环保标准远高于河北与天津，继续提高北京的环保等级远比提高河北的环保等级所付出的成本高得多，效果却不如后者。所以从这个角度来看，发达地区给予落后地区一些经济补偿是对双方都有利的共赢行为。对于一个区域的不同行政区划来说，也是多赢局面。同时，北京目前重工业比重已经很低，如若再将本地的一些轻工业、服务业转移到河北，一

方面直接带动产业结构改善，另一方面也可以带动当地经济发展。此外，北京向天津、河北输送人才，不仅可以解决本地人口密度过大的问题，还可以帮助河北省经济腾飞。知识是第一生产力，当劳动力向河北流动时，河北经济自然就跟上来了。

所以说，河北省处于治理的初期，经济发展的中间阶段，从河北省着手治理区域空气质量有四两拨千斤的效果。因此，为了拥有洁净的空气，一定要克服一亩三分地的思想，对于大气环境，京津冀三地就是一荣俱荣、一损俱损。

第二节　京津冀雾霾协同治理的可行性

研究表明，国际上大城市的发展，一般都经历了从“吸收”到“分散”的过程，在“吸收式”发展阶段，大城市以“摊大饼”方式向外扩展，但是过程中会出现很多城市病。在“分散式”发展阶段，大都市的职能会逐渐向外围疏解，比如说，在大都市的外围会发展出卫星城，分解大都市的部分职能。北京、天津两大都市也绕不开这些发展阶段，不同的是京津冀区域有自身特殊情况。京津冀协同发展理论上是京津冀三地作为一个整体协同发展，它的出发点是北京市向外疏散非首都核心功能、解决自身的“大城市病”，在此基础上进行城市布局及空间结构调整和优化，推进产业升级转移，并构建现代化交通网络系统等，从而完成对现代新型首都圈的打造，形成京津冀目标一致、措施一体、优势互补、互利共赢的协同发展格局，因而京津冀协同发展是从一体化出发，但又不完全等同于经济一体化（吴志功，2015）。

一、政策的保障

虽然京津冀协同发展议论近年来在街头巷尾十分热门，但它并非新提出的概念，早在20世纪80年代中期，国家开始实施国土整治战略，将京津冀地区作为四大试点地区之一，要求环渤海和京津冀地区努力发挥资源比较优势、治理生态环境、优化产业和人口布局，实现区域协调发展等。到了21世纪初，为了配合北京市的新功能定位和天津滨海新区的建设,中国国家发改委牵头,在河北省廊坊市举行了京津冀三地政府、企业以及学者等各界人士共同参与的京津冀区域合作论坛,并达成了著名的“廊坊共识”。该共识认为应推动公共基础设施、产业和公共服务、资源和生态环境保护等方面一体化进程的加速。后来,国家发改委等有关部门一直在根据该共识拟定各类有关合作规划和文件,不过由于多方原因,特别是2008年爆发的世界金融危机,该规划虽经几番调整和修改,至今还是没有出台。再后来,在严酷的大气污染压力下,2010年5月,环保部、国家发改委等9个国家部门联合发布《关于推进大气污染联防联控工作改善区域空气质量的指导意见》,也标志着联防联控治理大气污染正式成为了环保政策导向,中国大气环境保护工作进入了一个新的发展阶段。在此导向下,北京市先后与天津、河北签署区域合作协议,一致决定要共同推进京津冀区域协调发展,其中促进京津冀区域空气质量改善、加强生态环境建设成为该协议中最为重要的内容之一。

2014年2月,党中央将京津冀协同发展确定为一项重大国家战略。之后,国家开始切实提高京津冀地区产业和交通设施的协同聚集能力,逐步引导京津冀人口转移,以缓解人口向北京过度聚集的压力。在张家港与承德地区建设国家级生态经济示范区,推进资源税和碳排放税改革,建成国家级清洁能源基地。北京确定了积极帮助石家庄、保定、邯郸、邢台等地区的产业结构升级以及高污染、高耗能产业的压缩。自此,京津冀雾霾治理翻开了新的篇章。2015年4月30日,中共中央政治局进一步通过《京津冀协同发展规划纲要》,明确指出京津冀协同发展的核心是有序疏解北京非首都功能,要在京津冀交通一体化、生态环境保护、产业升级转移等重点领域率先取得突破。并于同年12月,京津冀三地环保部门正式签署《京津冀区域环保率先突破合作框架协议》,明确以大气、水、土壤污染防治为重点,以协同治污等10个方面为突破口,联防联控共同改善区域生态环境治理。2016年,最高人民法院发布《最高人民法院关于为京津冀协同发展提供司法服务和保障的意见》,以“协同司法”保障“协同发展”。以上这些政策的出台与实施,给协同治理大气污染提供了良好的基础和保障。

二、国外大气污染的治理经验与启示

国际上发达国家在工业化发展过程中,很多都曾经面对过严重的大气污染问题,也经历过雾霾肆虐的阶段,其中最为严重的大气污染代表性事件是 1952 年英国伦敦发生的伦敦烟雾事件以及 20 世纪 40 年代开始出现的美国洛杉矶光化学烟雾事件,两起事件的原因既有各自的特点,又有共同之处。

(一)伦敦烟雾事件的发生与治理

伦敦是欧洲最大的城市,也是欧洲的经济金融贸易中心。16 世纪,伴随着英国资本主义的兴盛与发展,伦敦人口快速增加,工业迅速发展;到 19 世纪,英国进入经济发展的极盛时期并成为世界金融的大本营和著名的港口,人口和工业的高度集聚,是当时名副其实的"世界工厂"。工业生产的燃煤加上冬季家庭燃煤产生了大量的烟尘,伦敦经常笼罩在污浊的浓烟中。1952 年冬天,由于冬季逆温层的笼罩,使伦敦市内空气流动缓慢,连续数日无风,煤炭燃烧产生的 CO_2、CO、SO_2、粉尘等气体与污染物在城市上空集聚,从而引发震惊世界的"伦敦烟雾事件"。四天内伦敦市因空气污染而死亡的人数达到 4000 多人,相关疾病(如冠心病和肺结核等病患者)的死亡率成倍增加(吴志功,2015)。之后,1956 年、1957 年、1962 年伦敦共发生了十余次的严重毒烟雾事件。

20 世纪 50 年代以后,伦敦机动车数量开始猛增,汽车尾气逐渐成为城市大气污染的又一个主要污染源。所以 90 年代后,伦敦控制大气污染工作的重心开始转向治理机动车尾气污染;有关部门开始出台有关机动车尾气污染的治理措施,比如改变机动车设计及燃油结构,加强交通管理等(顾向荣,2000)。

总的来说针对 20 世纪 50 年代开始发生的伦敦毒烟雾事件,伦敦政府前后花了 60 多年时间进行治理,最终取得了显著成效。伦敦采取的主要治理措施包括:一是建立和完善一系列清洁空气有关的法律法规,例如 50 年代颁布的《清洁空气法》,还有在此基础上颁布的《污染控制法》《汽车燃料法》《环境法》《环境保护法》《道路车辆监管法》《污染预防和控制法案》以及《气候变化法案》等空气污染防控法案,对废气排放出台严格的约束以及相应的处罚措施。二是污染治理并不局限于从伦敦一隅来考虑,而是从整个国家的角度制定空气质量战略以解决伦敦大气污染的问题,这类措施包括:2004 年的《能效:政府行动计划》,2005 年的《气候变化行动计划》和《英国可持续发展战略》,2006 年出台的《低碳建筑计划》,以及 2007 年出台的《退税与补贴计划》和《英国能效行动计划2007》,2008 年接着出台了《国家可再生能源计划》以及《低碳转型计划》等一系列计划和政策。三是伦敦政府提供巨额拨款与投资用于住房节能改造、低碳产业以及绿色能源基金。四是对人口和工业企业进行疏散以平衡分配资源。40 年代末,英国在伦敦建成八座新城,60 年代末在城市以北和以西又兴建了三座新城,为人口和工业外迁提供条件。1967 年起,伦敦市市区工业用地开始减少,向新城先后输出 28.2 万个劳动岗位,新城的企业由 823 家增加到了 2558 家,人口总数也由迁之前的 45 万人增加至 136.7 万人,大大缓解了伦敦市市区的人口压力。经过 60 多年的治理,终于使伦敦的空气回归洁净。

(二)洛杉矶光化学烟雾事件的发生与治理

美国加州西南部的洛杉矶市,历史上也出现过著名的大气污染事件。洛杉矶市是美国第二大城市,三面环山,一面紧临太平洋,处于气象学中所称的西海岸气候盆地之中,大气状态以下沉气流为主,极不利于污染物质扩散。二战后,当地工业经济空前繁荣,城市人口和机动车数量快速增长,大气污染也如影而至。1939 年开始,城市室外能见度迅速下降,城市上空弥漫着淡蓝色的烟雾。到了 1943 年,烟雾更加严重,每年洛杉矶只要是夏季到早秋的晴朗日子里,蓝色的烟雾就会出现在城市上空,使人们的眼睛发红疼痛,咽喉也疼痛,呼吸憋闷,头昏头痛。远在城市外 100 余公里的海拔 2000 米高的山上,大片松树也因此枯死,柑橘大幅度减产。大气污染使得美国蒙受了巨大的经济损失,也使人们的身体健康遭遇前所未有的损失。1952 年 12 月的一次光化学烟雾事件中,洛杉矶因空气污染而死亡的 65 岁以上的老人达到 400 多人。1955 年 9 月,因大气污染加上高温天气两天之内死亡的 65 岁以上的老人就有 400 余人。这种情况一直持续到 20 世纪 70 年代,以至于洛杉矶市很长时间被称为“美国的烟雾城”。为了治理大气污染,洛杉矶政府和市民也经历了漫长的摸索和斗争历程。经过一系列措施,直到80年代以后洛杉矶光化学烟雾才逐步得以缓解。总的来说,京津冀治理雾霾可以借鉴的治理措施包括以下几种。

(1)相邻区域联防联控。1946年,洛杉矶市成立专门的空气质量管理机构——烟雾控制局,负责空气污染控制,并建立了全美第一个工业污染气体排放标准和许可证制度。在治理空气污染的过程中,政府将一批工厂关闭或迁往其他城市,但空气污染状况依然存在。后来人们发现空气污染不单是一个城市的问题,相邻城市和地区必须共同参与,在更大范围内控制空气污染才能产生效果。于是在随后十年里,南加州橙县、河滨县和圣贝纳迪诺县也成立了相同的组织,之后成立加州空气资源委员会(California Air Resources Board,CARB),制定了全美第一个空气质量标准,实现跨地区应对空气污染的合作,合理分摊治污费用。1977年南加州的洛杉矶县、橙县、河滨县和圣贝纳迪诺县的部分地区联合成立了南海岸空气质量管理局(South Coast Air Quality Management District,SCAQMD)。这个联合机构被赋予立法、执法、监督、处罚的权力,负责制定区域空气质量管理规划和政策,对区内企业和固定污染源的污染物排放进行统一监管。SCAQMD制定和实施"空气质量管理计划",促使本地区居民与企业严守联邦和州的清洁空气标准,同时还制定多种规则以减少固定源与移动源的空气污染物排放,SCAQMD成立后制定的这一系列的空气污染治理政策,已经成为世界各国区域联防联控的典范。

(2)通过立法为空气污染防治提供法律保障。洛杉矶空气污染防治的法律框架包括联邦、州、地区和地方政府四个不同层次。联邦政府层面,经过了多次修改而出台的《清洁空气法》成为全国性的空气保护法规。在州政府层面,加州通过了《加州洁净空气法》,对未来20年的加州空气质量进行全面规划。在地区管理层面,洛杉矶所在的SCAQMD负责监管固定污染源、间接污染源和部分移动污染源的污染物排放,同时制定区域空气质量管理规划和政策。在地方政府层面,南加州政府协会(South California Association of Government, SCAG)负责区域交通规划研究,编制区域经济和人口预测,协调各城市之间的合作并协助地方执行减排政策,所以美国已经形成国家—联邦—城区立体法律体系以保障污染防治的实施。

(3)引入市场机制。SCAQMD 推出了空气污染排放交易机制。300 多家工厂纳入该交易机制,由 SCAQMD 对机制内工厂进行在线实时监测,工厂排放额度分配根据以前的估算量确定,每年递减,从而强制排污企业减少空气污染。排放指标在芝加哥期货市场公开挂牌交易。

(4)加强先进空气污染治理技术的研发。加州在污染控制技术研发方面一直处于领先地位。例如,1953 年加州空气污染控制改革委员会推广了以下空气污染控制技术:降低碳氢化合物排放量的有关技术、柴油卡车和公交车使用丙烷作为燃料、发展快速公交系统等技术;1975 年要求所有汽车配备催化转换器并鼓励使用甲醇和天然气替代汽油。加州空气质量管理局还成立了技术进步办公室帮助企业发展诸如燃料电池、电动汽车、零 VOC 涂料和溶剂、可用替代燃料的重型车辆和机车等低排放或零排放技术。

(三)日本大气污染的发生与治理

空气污染也曾经在亚洲肆虐过,工业化前期的日本就曾饱受空气污染之苦,当时PM2.5频频爆表。1945 年二战战败的日本,经历 10 年重建,经济复苏,从 20 世纪 50 年代中期到 70 年代初,日本经济进入空前的高速增长时期,能源消耗迅速增加,并因此产生严重的大气污染和其他环境污染。神奈川、千叶还有大阪,都是当时日本的主要工业城市,经常黑烟滚滚,大气污染物也从原来的颗粒物污染转变为硫黄酸化物污染,而且污染程度相当严重,以至于这些污染物都扩散至日本本州的太平洋区域。资料显示,1961 年,日本四日市的石油冶炼企业和工业燃油企业生产排放的废气,严重污染了大气,引起当地患呼吸道疾病的居民骤增,尤其是哮喘病的发病率大大提高;1964 年,四日市又发生空气污染,连续 3 天浓雾聚集,严重的哮喘病患者开始死亡;1967 年,四日市严重的大气污染甚至使得一些哮喘病患者不堪忍受痛苦而自杀。到了 1970 年,四日市的哮喘病人达到 500 多人,实际患者超过 2000 人;到了 1972 年整个城市确认的哮喘病患者达到 817 人。[①] 因大气污染而引发的日本四日市哮喘事件是世界有名的公害事件之一。

不仅如此，工业化过程中的日本首都东京也曾光化学烟雾事件频发。针对频发的光化学烟雾事件以及严重的空气污染，日本政府通过采取一系列针对性政策措施，取得了良好的效果，并最终使东京成为世界上最清洁、能源利用效率最高的城市：日本的大气污染治理经验，以东京市的治理为例，可总结为如下几个方面。

(1)严格控制工业企业污染。东京政府于 1958 年开始制定首都东京圈基本规划，对东京市主导产业和支柱产业的选择、产业结构的调整与发展战略、产业地区布局等方面做出详细规定。20 世纪 60 年代开始，许多制造业企业纷纷从东京迁出到横滨一带，甚至迁往国外。通过重污染企业被关闭和外迁这种方式，东京的产业结构得到调整与转型，工业企业污染的势头得到很好的控制。随着日本经济发展方式从“贸易立国”逐步向“技术立国”转换，东京工业结构进一步调整，并逐步向服务业延伸，以及实现产业融合，最终形成东京现代服务业集群。与此同时，东京市政府鼓励企业采用清洁生产工艺和技术进行生产，减少甚至消除废弃物的排放，发展循环经济体系等具体技术与措施的采用。

(2)致力于治理汽车尾气污染。为了降低汽车尾气带来的污染，东京政府采取三个方面的控制措施：一是大力发展轨道交通和公共交通。到目前为止，东京轨道交通承担了城市交通客运的 86.5%，远远高于世界其他大城市(吴志功，2015)。二是开发和普及新技术，例如以液化石油气、天然气、电力为燃料，推动汽车废气净化器等技术研发。三是开发新型燃料技术，包括降低轻油和汽油中的硫黄浓度、建设氢燃料供应站、启动燃料电池汽车试运行、大量普及混合动力汽车等，以减少汽车污染。

(3)在生活用能方面，削减温室气体排放。例如，对家用电器使用“节能标签”制度以降低电量消耗，利用自然光、热、风等建造舒适住宅，提高住宅节能，改良取暖方式，等等，促进节能减排。

(4)环保信息公开，接受公众监督。空气污染最严重的 20 世纪 60 年

---

① 数据来源于日本之窗，《日本当年的PM2.5，可比中国严重得多……》(2015-02-21)，http://mt.sohu.com/20150221/n409111190.shtml.

代，日本社会对公害的关注空前增强。当时日本政府颁布和制定的《煤烟限制法》《公害对策基本法》《大气污染防止法》等法案实施得并不顺利，但是民间“环保”舆论日益高涨，“反公害”运动席卷全国。自下而上的动力基本成为日本治理污染出现转折的最关键因素。从那之后“环保”二字在日本深入民心，影响了很多立法与决策，其中包括日本汽车工业的发展趋势。例如排气量 660cc 以下的汽车因其环保、小巧，成为日本汽车市场的主流。

（四）发达国家成功治理大气污染的经验与启示

过去多桩国际重大大气污染事件说明，经济发展到一定历史阶段，相伴而来的环境问题就会凸显出来。大气污染由于涉及面广、影响大而直接，更加受到广泛而深入的关注。受过类似困扰的国家和地区，在工业化进程中无一例外地走上了“先发展（污染），后治理”的道路，他们的治理经验，尤其是在区域协同治理方面的探索，为我们提供了一些启示与借鉴。

首先，建立大气污染治理相关的区域管理组织，增强合作意识。

由于空气污染是跨界的，并受地理条件、空气流通条件等影响，如果附近城市存在污染源，一个城市无法独立做好空气污染防治，必须打破行政区划的限制，实行区域联防联控。而要保证联防联控的顺利有效运作，就要设置有效的管理组织。

美国洛杉矶的治理经验关键之处在于，正确认识到这个规律，并创设 SCAQMD，从而统一设定联防联控的政策措施以及治理标准，城市之间签订共同遵守的条约或制定共同遵守的法律，实现跨城市、跨地区甚至跨国联合治理大气污染。该举措成为有效实施大气污染区域联防联控的典范。京津冀大气污染联防联控也可以借鉴和成立这样一个统一的管理组织。

其次，在区域联防联控的基础上，调整区域产业结构，改善能源结构，转变经济增长方式。

合理的产业结构是保障良好空气的基础。只有重污染工业受到控制，才算控制住了污染的源头。伦敦治理大气的过程中，为了资源的平衡分配，英国政府对人口和工业企业进行疏散；并为此在伦敦周围先后共建11座新城，为人口和工业外迁提供条件。

洛杉矶城为了加快产业结构调整，将传统制造业基本转移到了发展中国家，大大减少了大气污染物的排放。后来，电子、通信、软件、生物技术、互联网以及多媒体等新兴产业迅猛发展，逐步替代了传统的机械制造、能源和化工产品生产，大大减少了污染物的排放量。

东京方面，为了严格控制工业企业污染，政府从1958年开始制定东京圈基本规划，规定对产业结构的调整方向、产业的发展战略、产业地区布局等。20世纪60年代开始，许多制造业企业纷纷迁到横滨一带以及国外，有些甚至被关闭，使得东京的产业结构转型，工业结构向服务业延伸调整，形成东京现代服务业集群，最终工业企业污染得到有效控制。

在改善能源结构方面，这些国家鼓励清洁能源和可再生能源的开发和利用。比如美国国家政府与州政府要求洛杉矶地区发电必须使用天然气替代石油和燃煤；鼓励使用风能、太阳能等可再生新能源；进行提高能源使用效率的技术研发；为购买新能源汽车和安装太阳能设备的家庭提供财政补贴等。

再次，加强市场机制的建设，加强环保立法与执法，为联防联控提供法律保障。

欧美国家在污染治理中，注重引入税收或者排放权等市场机制。例如挪威1970年开始向企业征收间接式硫税，并对柴油征收硫税。对采取清洁措施或者投资降低SO_2排量的企业进行补贴。美国在治理手段上也选择了征收硫税，采用的是直接与间接计算相结合的计算方式计算征收；征收对象为大型工业企业、小企业及居民，并建立了工业污染气体排放标准和许可证制度。

当前，中国环境保护立法的发展进程与经济社会的发展速度相比，明显滞后，缺乏系统性和协调性；而且环境治理执法不严，环境保护相关的法律在一些经济落后地区更是形同虚设。因而我国有必要学习和借鉴西方发达国家在环境立法和执法方面的经验，立足于自身实际，坚持可持续发展的原则，建立可执行的环境保护法律体系，比如污染物总量控制、颁发污染排放许可证、收取排污费、进行环境影响评价和环境审计等方面的环境法律制度，使之更加完备、更加透明、更加公正，执行力度提高。

最后，加大科技投入，促进信息公开并强化市场参与。

发达国家在治理空气污染的进程中，科学技术发挥了关键性作用。先进科学技术投入的作用表现在两个方面：一是表现在减污、控污、治污有关的生产工艺上，例如鼓励企业采用清洁生产工艺和技术，以减少甚至消除废弃物的排放，同时发展循环经济体系等具体措施；二是体现在监控和管理方面。通过科学研究为国家宏观决策提供依据，决策有了科学依据，可操作性就强，执行后的效果也好。比如，充分利用有关机构的大气环境科研力量，建立区域性的环境科研合作平台。

信息公开上，发达国家的经验表明，加强空气质量监测，推进环境信息公开，鼓励全民参与，对提高环境质量、进行环境保护、提高大气污染治理效果至关重要。所以建设空气质量监测网络是雾霾治理的一项重要的基础工作。不过这方面在中国明显存在不足，即使在环首都地带的京津冀地区亦如此。以北京为例，2008 年北京仅建成 27 个环境空气质量监测子站。相比之下，伦敦面积虽不足北京的 1/10，但是环境监测站数量几乎是北京的 4 倍；美国的洛杉矶市比伦敦市面积更小，但是也拥有 37 个大气环境监测子站，并且 24 小时监测数据都会在网上实时公布，供公众查看。监测数据的及时、公开发布，一是能够促进公众环保意识和参与程度，二是对排污企业构成巨大压力，显示了监管机构的权威，同时可大大推动空气污染的治理。

中国治理雾霾之路还非常漫长，京津冀地区经济体量大、范围广，各方面关系错综复杂，因而治理面临的难度更高，治理过程可能会更加反复与漫长。

三、国内联防联控治理大气污染的经验与启示

对大气污染进行区域联防联控的做法不仅是国际发达国家采取的措施，国内也曾经成功使用过，所不同的是，迄今为止国内大气污染联防联控都还只局限于短期、临时性措施，未形成长期有效的一套联防联控做法。

第一，2008 年奥运会，北京与周边地区进行的大气污染联防联控。

中国政府曾经在《2008 年奥运会申办报告》中承诺：2008 年奥运会期间，北京的空气质量将达到国家标准和世界卫生组织指导值，同时，北

京市政府将继续致力于提高全年的空气质量。为了兑现奥运空气质量的承诺,奥运会期间,京津冀地区建立和实施了区域联防联控机制,机制涉及的行政区域范围包括北京、吉林、天津、河北、山西、内蒙古等省(区、市)。在这一联防联控机制下,中国成立了2008年奥运会空气质量保障工作协调小组,组员包括机制内各省市部门主管领导。协调小组研究制定和部署了《北京2008年奥运会空气质量保障方案》有关工作,要求如下:一是加强机动车管理;二是停止部分施工工地的作业;三是重点污染企业停产、限产;四是燃煤设施污染减排;五是减少有机废气排放;六是实施极端不利气象条件下的污染应急控制措施等六大举措。并对北京、天津、河北、山西、内蒙古和山东等六省(区、市)针对燃煤锅炉进行脱硫除尘技术改造,清洁能源替代,机动车升级换代,实施机动车国家IV级排放标准,淘汰小锅炉、小水泥、小钢铁、储油库和油罐车的油漆回收改造等,减少奥运期间大气污染物排放。据估算,奥运会、残奥会期间,北京大气污染物排放量与2007年相比同比下降70%左右,全部赛事期间,空气中的SO_2、可吸入颗粒物、CO、NO_2等主要污染物浓度平均下降了50%左右,创造了近十年北京最佳空气质量水平。

第二,上海世博会与长三角区域大气污染联防联控经验。

2010年前后,为了最大限度确保世博会期间空气质量达标,2009年12月上海市会同江苏、浙江两省环保部门制定了《2010年上海世博会长三角区域环境空气质量保障联防联控措施》,要求共同落实重点行业、机动车污染排放控制措施、全面实施秸秆禁烧工作并实现重点污染源排放和环境空气监测数据共享,并制定了高污染预警和应急方案,以确保世博会空气质量目标的实现。

这些经验证明,区域联防联控机制是适应大气污染刚性无边界特点的一种污染联合防御机制,是能够将经济、科技、法律等多方面手段整合起来的一种大气污染治理机制,它包括行政手段、经济手段与法律手段。这一机制的行政手段见效快,效果明显,但是局限性在于力度猛,对经济以及人们的生活质量影响大,持续时间不能长久,适合短期应急措施。要建立长效机制就需要以经济手段与法律手段为主,行政手段相配合。下文将详细对京津冀大气污染治理的经济手段进行探讨。

第三节　京津冀协同发展视角下雾霾治理的对策

一、环境税的征收

20世纪20年代,英国经济学家庇古(Arthur Cecil Pigou, 1877—1959)在《福利经济学》中最先提出根据污染所造成的危害程度对排污者征税,用税收来补偿排污企业的企业成本和社会成本之间的差距,从而实现企业生产成本与社会成本相等的思想和手段,这类税收被学者们称为"庇古税"(Pigouvian tax)。按照庇古的观点,生产商的私人成本与社会成本不一致是导致市场配置资源失效的直接原因,也正是因为利益和成本不一致,私人成本的最优配置导致社会成本的非最优,私人成本低于社会成本,因此,政府需要通过征税提高生产商的私人成本,达到纠正外部性的目的。只要政府采取措施使得生产商的私人成本和私人利益与相应的社会成本和社会利益相等,那么资源配置就可以达到帕累托最优状态。

庇古税属于一种直接环境税,是政府用以解决环境问题的古典经济学方式。总的来说,环境税的定义有广义与狭义之分,广义的环境税指的是税收体系中与环境保护、自然资源利用及保护有关的所有税种和税目的总称,具体而言包括污染排放税、自然资源税,以及为了实现特定的环境目的而筹集资金的税收,或者政府影响某些与环境相关的经济活动性质和规模的税收手段等,污染排放税、自然资源税、生态税以及各种与生态有关的税收调节手段都包括在内。狭义的环境税指的是跟污染控制相关的税收手段,包含硫税、碳税以及排污税等税种。不过这些污染物的排放量需要检测,当污染物排放量或者污染物浓度无法直接测度时,产品税可以作为排污税的替代。本书主要探讨的是硫税以及对高耗能高污染产品征收的消费税。

正如一般税收所共有的性质,环境税的征收也会产生一定的经济效应,我们将其归纳为替代效应与收入效应。替代效应体现在消费方与生产方两个方面。对于消费方而言,当政府对高耗能、高污染消费品征收环境税时(消费税),会导致消费者的购买价格上升,因而使得消费者对此类商品的需求转向寻找相对低污染及能耗低的替代商品;对生产方而言,当政府对化石能源征收硫税,就会导致含硫量越高的化石能源生产成本越高,厂商会想办法转向投入低硫替代能源,或者提高能源利用效率,从而促进了脱硫技术的发展,降低硫排放。收入效应主要指的是对于一定的收入,税收的征收或者税率的提高,意味着相同收入条件下,所能使用的污染产品减少。所以,环境税的征收,既减少了对污染产品的需求,也减少了污染产品的生产,直接地降低了环境污染;而且在利润的驱使下,企业必然会引进专业的污染处理设备处理降低排放,或者提高能源利用效率,从而促进环保技术的发展,从根本上解决污染和高耗能问题。

环境税征收实施还有助于能源结构与产业结构的优化。例如:对SO_2排放征收硫税,一方面可以抑制含硫量高的能源消费,比如煤炭,使得煤炭脱硫脱硝技术得到发展与利用;另一方面有利于促进清洁能源的发展与利用,从而实现京津冀地区的能源结构优化。在产业结构方面,京津冀除了北京以外,重工业所占比重很高,特别是在河北,尚处于重工业经济的中期。税收政策的实施有助于限制高耗能高污染行业的产出,促进服务业及其他环境友好型行业的产出,实现产业结构的优化。

西方发达国家早在20世纪70年代开始利用税收政策来加强环境保护。为了治理大气污染,美国、欧洲均选择硫税作为治理大气污染的重要经济手段。有些国家如芬兰,选择征收碳税,按照煤、石油、天然气等化石燃料含碳量设计定额税率进行征收。这些国家的实践证明,利用税收手段治理环境可以带来明显的社会效果,环境污染得到有效控制,环境质量得到明显改善。不过碳税的征收应对气候变暖的问题更加适用,治理颗粒污染还是征收硫税更加对症。

综上,将税收作为大气污染治理的手段,我们建议从以下两个方面进行。

第一,开征环境税。建议京津冀地区在已启动的大气污染防治协作机制基础上,加快推进环境保护费改税,并将其作为地方税种,充实地方财力,强化环境保护。这一点国家已经开始进行相关的计划,例如2014年国务院总理李克强在国务院常务会议上表示要研究部署在加强雾霾等大气污染治理方面发挥价格、税收和补贴等的激励和导向作用。党的十八届三中全会《中共中央关于全面深化改革若干重大问题的决定》明确指出要推动环境保护费改税,开征环境税已写入我国"十二五"规划。

第二,针对某些高耗能行业的产品征收消费税或者提高税率。将高耗能高污染产品纳入消费税征收范围,此举可以更好地引导社会消费,促进节能减排,而且可以增强地方财力。

2013 年 5 月,国务院发布的《关于 2013 年深化经济体制改革重点工作的意见》进一步明确要合理调整消费税征收范围和税率,计划将部分严重污染环境、过度消耗资源的产品纳入征税范围。同年在"大气国十条"中进一步提出应研究将部分"两高"即高耗能、高污染行业产品纳入消费税征收范围。2014 年财政部提出全面启动财税改革,而消费税就是其中要进行的六大税制改革中的税种之一。中央在 2014 年《政府工作报告》中提出的要推动消费税、资源税改革,消费税的改革方向就是逐步向高档消费品和资源消耗大的产品征收。

发达国家对于高污染物进行普遍征税,从污染产生源头进行征税,进而起到影响整个消费环节和调整产业结构的目的。由于我国税法体系的不完善,短时间难以制定相对完善的针对高污染物的相应税种。消费税作为我国现阶段对于多方面进行引导和调控的综合税种,可以发挥其调节作用,将更多高污染产品纳入消费税征收范围,起到产业结构改革的引导作用(李雪妍,2016)。由于税收对经济是一把双刃剑,税收一般与补偿双管齐下方能取得好效果。如何进行利益补偿亦是一个很值得研究的领域。

二、推动区域内产业转移

京津冀协同发展框架下,为了实现经济长远发展,成功治理雾霾,三地有各自的定位。

首都北京的定位是中国政治中心、文化中心、科技创新中心和国际交流中心,凭借强大的科研平台与人才优势,未来应主要布局科技密集型产业,增强创新驱动发展动力,从而发展成为京津冀协同发展中的科技高地与创新中心。因此,制造业和部分非首都功能的服务业需要迁出。发展规划要求"十三五"期间有序退出一般性产业,特别是高耗能产业，引导退出区域性批发市场等第三产业，稳步疏散教育培训及医疗机构，加强产业转移和对接协作；到 2020 年使得三次产业内部结构更加优化，形成高精尖经济结构形成区域产业联动发展新局面。

天津市的功能定位为全国先进制造研发基地、北方国际航运核心区、金融创新运营示范区、改革开放先行区。

河北省作为京畿大省，定位为全国现代商贸物流重要基地，全国产业转型升级试验区，全国新型城镇化和城乡统筹示范区，京津冀生态环境支撑区。由于工业基础雄厚，河北应主要承接、聚集京津转移的加工与装备制造产业，借此推动传统产业转型升级，淘汰落后产能，遏制产能过剩行业的扩张，缩小与京津的产业梯度差。所以河北成为这些非首都功能与产业疏解的最佳承接地，尤其是紧邻北京的河北区县比如沧州、燕郊等受益会比较大。目前在京津冀三地的产业结构中，北京工业所占比重约 19%，第三产业比重达到 81%，且高度聚集于科技和金融产业；天津则是第二产业占 46%，服务业首次超过 50%；而河北则仍有将近 12%的农业和近 50%的第二产业。从产业结构上看，北京与天津两市均是以战略性新兴产业（比如现代电子信息产业）和第三产业发展（以现代服务业）为代表，且优势明显；而河北省产业结构仍然以钢铁、水泥、玻璃、化工等重化工业为主。

实际上京津冀之间的产业转移早在 20 世纪 90 年代已经开始。一些传统的制造业、“三高一低”工业等缺乏比较优势的产业，由北京向河北梯度转移，如首都钢铁公司炼钢厂、北京焦化厂、第一机床厂铸造车间等一些大型企业的整体或部分生产环节已经迁移到了河北省的周边地区，2011 年以后，转移的企业则多是比较现代的中小企业如中关村中小企业，以及汽车制造业和农业企业。其中北汽集团投资华北（黄骅）汽车产业基地主要用于生产各类乘用车及相关配套零部件；2014 年，三元的河北工业园建立；国内原料药碳酸氢钠生产企业——北京凌云公司整体搬迁至河北省邯郸武安市；2014 年，首钢股份有限公司（第一线材厂）搬迁到河北迁安等。

此外，河北接收北京转移来的产业淘汰本地落后产业的同时也能达到产业调整与优化的目的。例如 2016 年 3 月 1 日河北省发布功能定位专项规划说明：(1)北京新发地、大红门等商品集散地先后迁址河北，北京的批零行业比重将下降，河北的会提高；(2)促进河北物流业的发展及比重提高；(3)新型城镇化建设需要大量基础建设，刺激河北经济增长。

由于河北与京津两市之间产业共融性不强，有利于河北对京津两市的承接，而从京津两市看来，二者均致力于电子信息、现代物流和现代金融业为主的高端服务业等行业的发展，所以产业同构度较高，导致有限的资源不能得到高效配置，存在“同结构、抢产业”的现象，也较为突出。在产业转移方面，天津操作的项目不似京冀那般多，2013 年 3 月以来，天津市出台了《关于借重首都资源促进天津发展行动方案》，从 16 个方面全方位对接首都，新引进北京项目 847 个，到位资金 971.2 亿元。因此，推进京津冀协同发展，首先需要的是加强顶层设计，合理定位京津冀产业结构，并在此基础上促进三省市有效融合、协同发展。

产业转移还体现在有利于北京人口的疏散方面。过去大量人口涌入北京，带来水资源污染与短缺，使得华北地下水超采严重，植被生长不茂盛，形成大面积的裸露性地表，加剧了地区的扬尘污染。人口从北京疏散，一定程度上缓解水资源的短缺与破坏，进而降低对大气污染不利影响。20 世纪 40 年代末，英国曾经通过疏散人口解决大气污染的问题，通过在伦敦外围建成八座新城，之后在城市以北和以西又兴建了三座新城，为人口和工业外迁提供条件；减少伦敦市市区工业用地的供应，并向新城先后迁入 28.2 万个劳动岗位，新城的企业由 823 家增加到了 2558 家，人口总数也由迁之前的 45 万增加至 136.7 万人，达到人口外迁的目标。

三、建立与完善区域内利益补偿机制

西方学者对利益补偿问题的研究最早可以追溯到亚里士多德关于矫正补偿的思想。亚里士多德认为，仲裁人通过剥夺不法者的利得以补偿受害人的损失，使人们交往活动中的不公平行为趋于公平。美国经济学者罗尔斯则从差别原则的角度研究了利益补偿问题，他认为在利益补偿方面除了要考虑平等原则，应更多地注意那些天赋较低和出生于较低社会地位的人们，而且只要能给每个人，或者最少受惠的社会成员带来补偿利益，该补偿就是正义的。19 世纪马克思的《资本论》在对资本主义社会生产和再生产过程中存在的利益分配不公平问题的研究中提到了

“利益补偿”的方式，但他的研究认为在资本主义制度下，工人阶级受损害的利益不可能完全通过利益补偿的方式实现（马艳、张峰，2008）。

我国学界也对利益补偿问题进行了一些探讨，例如未江涛（2015）综合了过去的观点与思路，提出利益补偿机制应该是一种调整利益分配关系的制度安排，这种制度安排是在利益共享的基础上，承认地区资源禀赋差异带来效率差别，为了实现和维持区域经济合作的长期和稳定，建立规范的制度促成各方之间利益再分配，从而实现利益在地区间的合理分配，使得地区利益分配达到比较公平的状态。我们知道，区域经济合作有利于发挥各地区的优势，形成合理的区域分工格局。所以建立利益补偿机制将有助于加快区域经济一体化步伐，对于构建和谐社会具有重大的现实意义。该思路可以借鉴和用于京津冀协同发展中——北京、天津、河北省三地的利益补偿制度的建立。

与庇古环境税理论所秉持的“谁污染，税付费”原则不同，区域补偿的原则是“谁受益，谁补偿”“谁受损，谁受偿”和“发达地区帮助落后地区”。由发达地区（主要受益者）向附近不发达地区提供资金帮助用于补偿减排带来的影响。京津冀地区即是由北京和天津对河北减排进行补偿，弥补其因减排所带来的巨大社会经济损失，以区域经济协同化发展为目标，实现区域经济合作的公平性。

为了治理京津冀地区的大气污染进行区域补偿的好处体现在以下几个方面：第一，有利于降低区域内大气污染治理总成本。因为就现在的北京而言，三大产业结构接近国家的水平。能源结构中煤炭所占比重全国最低，产业结构与能源结构的进一步优化空间越挤越小，现在主要剩下交通方面可以做文章。所以总的来说，污染排放可降余地比天津与河北小，难度高，而且边际成本递增。由于外来污染物占到北京本地大气污染的28%～36%，所以清洁空气离不开周边的大气环境，只有周边地区的空气清洁了，北京才能有蓝天。因此在周边地区经济落后的情况下，向他们提供资金帮助，可以更好更快地帮助他们进行减排与治理，实现空气质量的提高。

第二，长期以来，京津冀地区发展处于非均衡状态，京津两个发达城市的极化效应强于扩散效应。也就是说在京津冀地区中，北京、天津两大都市作为增长极，所产生的对资源的集聚效应远大于辐射效应，将区域内人力资源、资本、项目等资源和要素源源不断地从河北虹吸走，导致河北发展出现“贫血”，这种现象被区域经济学家们称之为“虹吸效应”。这种“虹吸效应”的背后是京津冀一体化推动乏力和各地只顾自己的一亩三分地的行政分割，使得京津的资源不能辐射和溢出到河北，导致河北成为京津冀发展中的一块短板。现在，河北的建设与发展需要建设一批新的产业引擎、建立一批生态脱贫片区等，这些都需要大量资金。所以以长期的眼光看，北京与天津需要对河北进行利益补偿。

第三，地方政府竞争导致整体经济效率的损失，使得区域经济不能很好地协调发展。只有建立区域经济合作的利益补偿机制，通过规范制度建设在各方之间进行利益转移，实现受益方对受损方、发达地区对不发达地区的援助与弥补，才能避免利益受损方退出利益合作（未江涛，2015）。

京津冀北部包括河北的张家口、承德，北京的平谷、密云，天津的蓟县等在内的生态功能区，基本均属于禁止开发区，因而京、津、冀三省市应增加对以上地区的财政支持。一要在河北省省内建立省扶贫财政稳定增长机制等倾斜式发展；二是北京、天津可参照援助新疆等地的模式、标准、规模，帮扶河北发展。也就是说，京津冀地区间应在环境税税源、财源分享的基础上，建立三地横向财政转移支付机制，使河北作为京津两地绿色屏障，在做出贡献的同时获得相应补偿。

第四，可以考虑建立规范的“中央—京津冀地区”区域纵向生态转移支付机制。由于京津冀雾霾治理的成果可以惠及周边省市的大气，中央应在考虑此影响的基础上对京津冀进行一定的支助与补偿。

四、加强交通控制

交通的快速增长带来尾气的大量排放，因而交通控制是大气污染治理的主要手段之一。具体而言，措施包含以下几个方面。

（一）控制汽车保有量增长，限制私人汽车上路

鉴于汽车保有量增长过快，汽车尾气是京津冀地区大气污染物最主要的来源之一，因此建议京津冀应严格控制汽车保有量年增长率。

2013 年 9 月 2 日，在部署《北京市 2013—2017 年清洁空气行动计

划》相关工作中，提出将机动车总量控制在600万辆。北京目前主要靠摇号制度确定新增牌照的数目。不过，这一行政手段实质弊端明显。首先，它反映不出供需之间的关系，因而缺乏"价格"这一调节手段，只是机械依靠行政指令进行车号的随机摇取，最终车牌花落谁家随机而定。更重要的是导致许多本来并未计划在近期购买车的消费者，仅仅为了规避将来摇号的时间风险而提前参与摇号，甚至因摇到号而提前乃至超额购车消费，而对一些有迫切购车需求的人，因未摇上号而使购车计划延迟，不论一个人对车牌号的需求偏好强烈与否，都面临同一种获得车牌的概率，体现了行政手段缺乏有效性和公平性，从而导致社会资源配置不公，同时也使政府丧失车牌号后面潜在的经济价值。也就是说，与拍卖制度相比，摇号制度使地方政府丧失了一个很可观的财政收入来源，降低了人们的幸福指数，也丧失了公平。虽然看上去获取牌照的经济成本更低，但实质上压低了居民总体福利水平。

相比之下拍卖制度则可以大幅度降低居民的福利损失及无谓参与，地方政府也可以因此获得每年数十亿元的财政收入（马骏、李治国，2014）。鉴于汽车牌照这一另类稀缺资源带来的巨大经济利益，国际上不少国家或地区很早就将其加以利用，其中最完善的国家当属新加坡。新加坡实行汽车牌照拍卖制度（拥车证制度）控制乘用车保有量等过快增长已经有较长历史。这一拥车证制度使得在新加坡拥有一辆私人汽车的各种税费加在一起的费用达到汽车价格的4倍，并最终使每年的汽车数量增长限制在0.5%左右。

中国上海也实行私人汽车车牌拍卖制度，每年拍卖的车牌数量较为充沛，拥车费相当于车价的110%（马骏、李治国，2014）；相比而言，北京这一税费仅相当于车价的35%左右。所以京津冀地区，特别是北京与天津两大都市，可以考虑使用汽车牌照拍卖制度替代摇号制度。此举措不仅可以充盈地方政府的财政收入，还可以提高社会福利水平，拉升居民幸福感。除此之外，通过征收道路拥堵费、提高停车费等经济手段取代单双号限行的行政手段也可以增加地方财政收入，同时体现社会公平，提高居民福利水平，理由同前。

(二)大力发展公共交通

北京不仅汽车保有量高,而且私人汽车出行和通勤比例也很高。据统计,公共轨道交通在北京中心城区居民出行比例只占17%左右,相比之下其他国际大都市平均水平大约为60%~80%。可见,过高的私人汽车通勤比例正是这一地区大气污染重要原因之一。所以交通尾气治理还需要做到以下几个方面:一是天津与河北的油品质量及标准跟上;二是普及和安装汽车尾气净化装置;三是借鉴英国的做法,实行向公共交通、步行、骑自行车等无油、无污染的出行方式转变的交通发展战略,设立公交专用道、自行车线路网、林荫步道网,投资发展新型节能、无污染公交车辆,提高停车费用,征收“拥堵费”加强汽车制造业的技术改造等。

五、其他方面

除去以上四个主要方面,还有几个辅助方面的工作可以开展。

首先,加强城市绿化建设。例如英国伦敦市在城市外围建有大型环形绿化带,目前伦敦市市中心区有1/3的城市被花园、公共绿地和城市覆盖,京津冀地区的绿化面积所占比重低,水资源涵养能力十分有限,应加强城市绿化工作。

其次,加强信息公开,并鼓励市民积极参与。借鉴参考英国政府开设的“英国空气质量档案”网站、民间组织与伦敦国王学院环保组织合作开设的“伦敦空气质量网络”,实时发布地区空气质量数据,接受公众的监督。

最后,鼓励科研力量的发展。应足够重视科研力量的参与,鼓励研究机构、大学、工厂广泛参与相关科研工作,包括研发能源脱硫、脱硝等相关的技术以及汽车尾气和生产污染排放净化技术等。

第四节　本章小结

研究认为,虽然中国在改革开放之初就对环境问题表示关注,并提出不能走发达国家先污染后治理的老路,但是现在看来,还是不能摆脱

Kuznets 曲线所表达的环境与经济发展的关系规律。本章从三个方面分析了京津冀联防联控协同治理雾霾的必要性和可行性，认为由于京津冀三地一衣带水，地缘相接，地域一体，大气环境相融相通，京、津、冀的大气状况可以互相影响。而且河北省重工业占比较大，北京、天津两市被河北省包围，因此北京、天津通过调整自身燃料结构和产业结构缓解大气污染的作用非常有限。本章在第三节中提出了协同治理雾霾的建议。

首先，目前中国环境公共治理手段比较单一，较多依赖关停并转、处罚等行政性手段，实践证明，依靠行政命令、检查和处罚难以达到可持续的环境保护目标。相比之下，发达国家的经验证明，利用经济手段鼓励节能减排成效更加显著。

其次，中国自改革开放以来 40 多年的经济快速发展期，是以 GDP 和财政收入为导向的粗放型经济增长方式，是以高投资、高出口、高资源和能源消耗、低土地成本和劳动力成本为路径的。分析证明，转变经济增长方式，走可持续发展之路是京津冀区域一体化治理大气污染的治本之策。

再次，总体来说，京津冀地区各地政府应该把可持续发展作为环境保护和经济发展的最主要价值，通过环境教育、文化导向、舆论引导、道德感召、伦理规范等，提高企业和民众的环境保护意识，并真正将环境保护意识全面贯穿到经济社会发展和人们的日常生活中。

最后，应完善相关法律法规，作为对京津冀协同治理大气污染的保障，包括国家基本法律中涉及区域发展的内容、针对区域协调发展而制定的法律、法规以及区域发展规划三个方面。

第七章 京津冀区域动态可计算一般均衡模型的构建

19 世纪 70 年代中期,法国经济学家瓦尔拉斯在其《纯粹经济学要义》中创立的一般均衡理论将整个经济系统看成一个整体,提出在社会价格体系下,每一种商品(要素)的供给与需求相等时就形成一般均衡。利用一般均衡理论可以研究模型中外生变量的变化对整体均衡的影响。20 世纪 60 年代,挪威经济学者约翰森(Johansen)基于一般均衡理论首次开发出一般均衡模型,在经济理论基础之上,用一整套完整的联立方程模型一体化地刻画了经济系统的运行、主体的行为决策以及经济均衡等方面的内容。模型在后来的几十年得到蓬勃发展,在发达国家与发展中国家的经济研究和实际决策中被广泛应用。

总的来说,当前国际上流行的几种 CGE 模型主要包括美国普渡大学教授汤姆斯·赫特所开始发展的 GTAP 模型系统,澳大利亚莫纳什大学(Monash University)开发的基于澳大利亚经济情况的大型 CGE 模型 ORANI、ORANI-G,以及经济政策研究伙伴(Partnership for Economic Policy)开发的 PEP 系列模型。其中 PEP 系列模型是通过 GAMs 软件求解,其余模型则是通过 GEMPACK 软件①求解。

CGE 模型最初主要用于税收政策分析领域,现在的应用范围推广到税收、国际贸易、经济一体化、价格改革、能源、环境、金融等诸多领域。利用 CGE 模型对环境政策的研究开始于 20 世纪 80 年代末,而在大气环

---

① GEMPACK 软件是澳大利亚维多利亚大学(Victoria University)政策研究中心(CoPs)研发的专门用于求解一般均衡模型的软件,该软件基本框架在不断更新,最新模块可以从 http://www.copsmodels.com/gempack.htm 上下载。

境污染领域的研究方面主要集中在利用 CGE 模拟征收碳税、硫税以及碳排放权和硫排放权交易对大气环境和经济的影响方面，也有学者尝试用于模拟技术进步对治理大气污染的影响方面。

第六章中探讨了征收环境税、进行区域内利益补偿在雾霾治理中起到的积极作用。在本章节的研究中将尝试量化这两种政策的治理效果，及对经济产生的影响。由于一般可计算均衡是模拟政策冲击很好的工具，为此本章中将研究建立一套区域动态一般均衡模型用于研究京津冀区域对能源消费征收硫税、对高污染行业产品征收消费税、对PM2.5污染治理的效果以及对经济产生的影响。

第一节　模型的构建

本章主要研究用于模拟大气污染治理中京津冀地区税收、补贴与利益补偿的冲击的区域动态 CGE 模型(Beijing-Tianjin-Hebei Regional Dynamic Computable General Equilibrium Model ,JJJ-RDCGE)的构建。构建过程是在借鉴 ORANI-G 模型[①]的基本架构的基础上，按照本研究的需要，对生产模块进行了修改，并借鉴魏巍贤等(2016)的研究方法增添了污染物排放模块和动态模块，并将进出口贸易模块进行了简化而得到的。所以模型主体主要包含生产、消费、投资、污染物模块、硫税模块、市场出清、动态链接与模型闭合八大模块。模型的模拟结果通过 GEMPACK 软件计算实现，本章模型的核心模块如下。

一、生产模块

本模型的生产模块设置为四个生产部门，分别是农业、制造业、建筑业和服务业；四种能源投入，分别是煤炭、石油、天然气与电力；以及四个地区，分别是北京、天津、河北与其他地区。生产模块中设置两种投入：一是中间投入，二是要素投入。需要注意的是，模型中将能源部分作为

① "ORANI-G: A General Equilibrium Model of the Australian Economy", CoPS/IMPACT Working Paper Number OP-93, Centre of Policy Studies, Victoria University, downloadable from: www.copsmodels.com/elecpapr/op-93.htm.

要素投入处理，因而中间投入中不含能源。而且模型的假设前提之一是每个产业不仅生产一种商品，也不仅投入一种商品；假设前提之二是市场结构为完全竞争型，每个部门的产出水平由市场均衡条件决定，所有产业生产技术规模报酬不变，并按照成本最小化的原则进行决策。生产过程设置为多层嵌套的常替代弹性（CES）函数或者里昂惕夫生产函数形式。生产模块以及中间投入商品的嵌套见图7.1。也就是说，产业的生产过程就是由各种嵌套组成。其中隐含假设之三，即每一个嵌套，其内部投入的最优组合与其他嵌套组合中的价格都不直接相关（刘亦文，2011）。

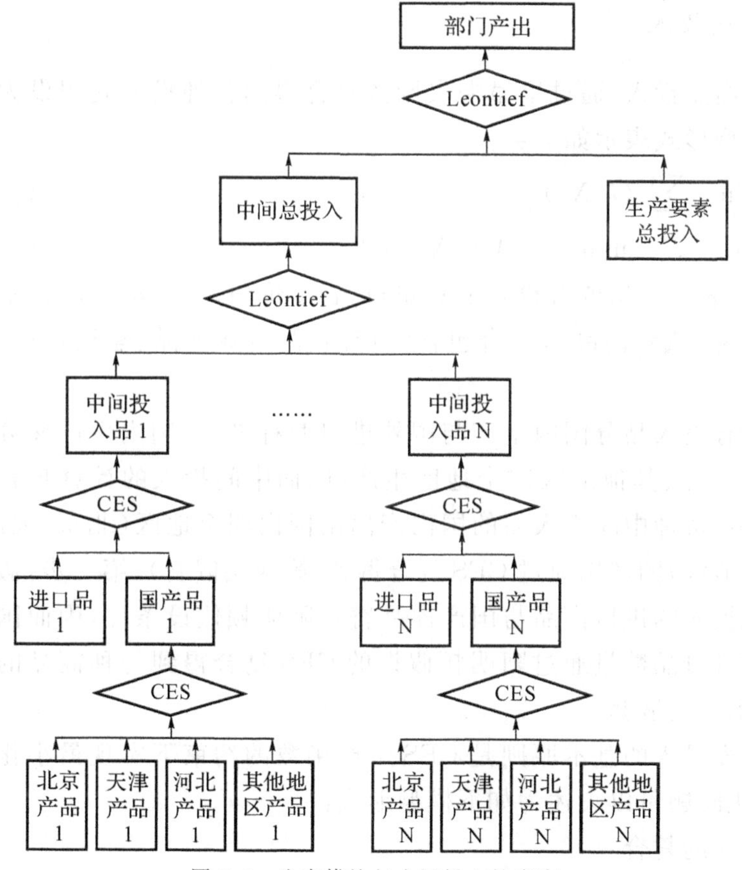

图7.1　生产模块与中间投入的嵌套

本模型生产板块的顶层嵌套中，部门产出由中间总投入与主要要素投入通过里昂惕夫函数（固定投入比例生产函数）复合而成，说明中间总投入与生产要素投入之间不可替代。所以生产模块的优化问题可以表述为：在一定产出水平下成本最小化。模型形式如下：

$$\text{Min} \quad P_{int}X_{int} + P_{fac}X_{fac} \tag{7.1}$$

$$\text{s.t.} \quad Z = \min(X_{int}/A_{int}, X_{fac}/A_{fac}) \tag{7.2}$$

第二层嵌套包括中间总投入与主要要素投入两部分。

其中：X 表示产出或者投入的数量；P 表示价格；A 表示生产技术水平；下标 int 表示中间投入，集合包含农产品、制造业产品、建筑业产品、服务业产品；下标 fac 表示总生产要素投入，集合包括：劳动、资本与能源投入。

（一）中间投入

由每种商品投入，通过里昂惕夫函数复合得到各种投入间假设为不可替代。模型形式表示如下：

$$\text{Min} \quad \sum_{c}(P_cX_c) \tag{7.3}$$

$$\text{s.t.} \quad z = \min(X_1/A_1 \cdots X_c/A_c) \tag{7.4}$$

其中：X 表示产出或者投入的数量；P 表示价格；A 表示生产技术水平；c 表示产品（或者商品），集合包含农产品、制造业产品、建筑业产品、服务业产品。

由于所有投入品分国内生产与国外进口两种来源，国内生产又分为北京、天津、河北、其他地区四个地区生产，因而中间投入的计算步骤分两步：第一步，每种中间投入品的国内产出由国内四个地区（北京、天津、河北与其他地区）的产出通过 CES 复合得到（第四层嵌套）；第二步，假设前提是中间投入的进口商品与国产商品符合阿明顿假设条件，因而国内产品数量与进口品数量通过阿明顿假设的 CES 复合得到每种商品的中间投入量（第三层嵌套）。

因为厂商投入的基本原则是 CES 生产函数的约束下实现最小化成本，所以优化问题可以表述为如下模型形式：

国产商品的复合：

$$\text{Min} \quad \sum_{s}(P_{i,s}X_{i,s}) \tag{7.5}$$

$$\text{s.t.} \quad X_{i,dom} = A_i \times \left[\sum_{s}\delta_{i,s}X_{i,s}^{\rho_1}\right]^{1/\rho_1} \tag{7.6}$$

其中：i 表示商业生产行业，包含农业、制造业、建筑业、服务业；s 表示地区,包括:北京、天津、河北与其他地区;$X_{i,dom}$ 表示国内生产 i 产业商品的数量;$X_{i,s}$ 表示国内 i 商品来源于 s 地生产的数量;$P_{i,s}$ 表示相应的价格。δ 是份额参数;σ 是替代弹性;参数 $\delta_{i,s}$ 表示相应的份额;σ_i 是 i 行业地区间的替代弹性;参数 $\rho_i = 1 - 1/\sigma_i$;参数 A_i 表示 i 行业的生产率或者生产技术。

国产商品与进口商品的复合,也遵从类似的规律:

$$\text{Min}\quad (P_{i,dom}X_{i,dom} + P_{i,imp}X_{i,imp}) \tag{7.7}$$

$$\text{s.t.}\quad X_i[\delta_{i,dom}X_{i,dom} + \delta_{i,imp}X_{i,imp}]^{1/\rho_{i1}} \tag{7.8}$$

其中:$X_{i,imp}$ 表示 i 商品来源于进口品的数量;$P_{i,imp}$ 表示进口 i 商品相应的价格;$P_{i,dom}$ 表示国产 i 商品的价格;参数 δ 表示相应的份额;参数 $\rho_{i1}=1-1/\rho_{i1}$,ρ_{i1} 是进口与国产间的替代弹性。

(二)主要要素投入

由于污染物排放与能源消耗直接相关,为了研究生产过程中的污染物排放,以及研究经济措施对污染物的遏制作用,我们将能源投入从中间投入中分离出来,作为生产要素投入之一,类似的处理方法在李元龙(2011)和魏巍贤、马喜立(2015a)的研究中也有使用。

生产要素投入模块设置的基本思想是先将石油投入、天然气投入复合得到油气投入,再由油气投入与煤炭投入复合得到化石能源投入,最后将化石能源与电力复合得到总能源投入。由于各种能源之间具有一定的替代性,因而以上复合均采用 CES 函数。之后把复合所得到的总能源投入与非能源资本投入作为能源资本投入通过 CES 函数复合得到资本总投入。最后,将资本总投入与劳动投入通过 CES 函数复合得到生产要素总投入(或称主要要素投入),具体过程见图 7.2。

由于使用的是多区域模型,我们假设不同区域间的相同能源具有一定的替代性,而且国产能源与进口能源之间符合不完全替代的阿明顿假设。在每种能源投入中,自下而上先将国内四个区域——北京、天津、河北与国内其他地区的四类能源产出——煤炭、石油、天然气、电力,通过 CES 函数复合得到国内能源产量,国产能源数量再与进口能源通过 CES 函数复合得到全部的该能源使用量。具体的函数模型参照式 7.5 至式 7.8,此处不赘述。

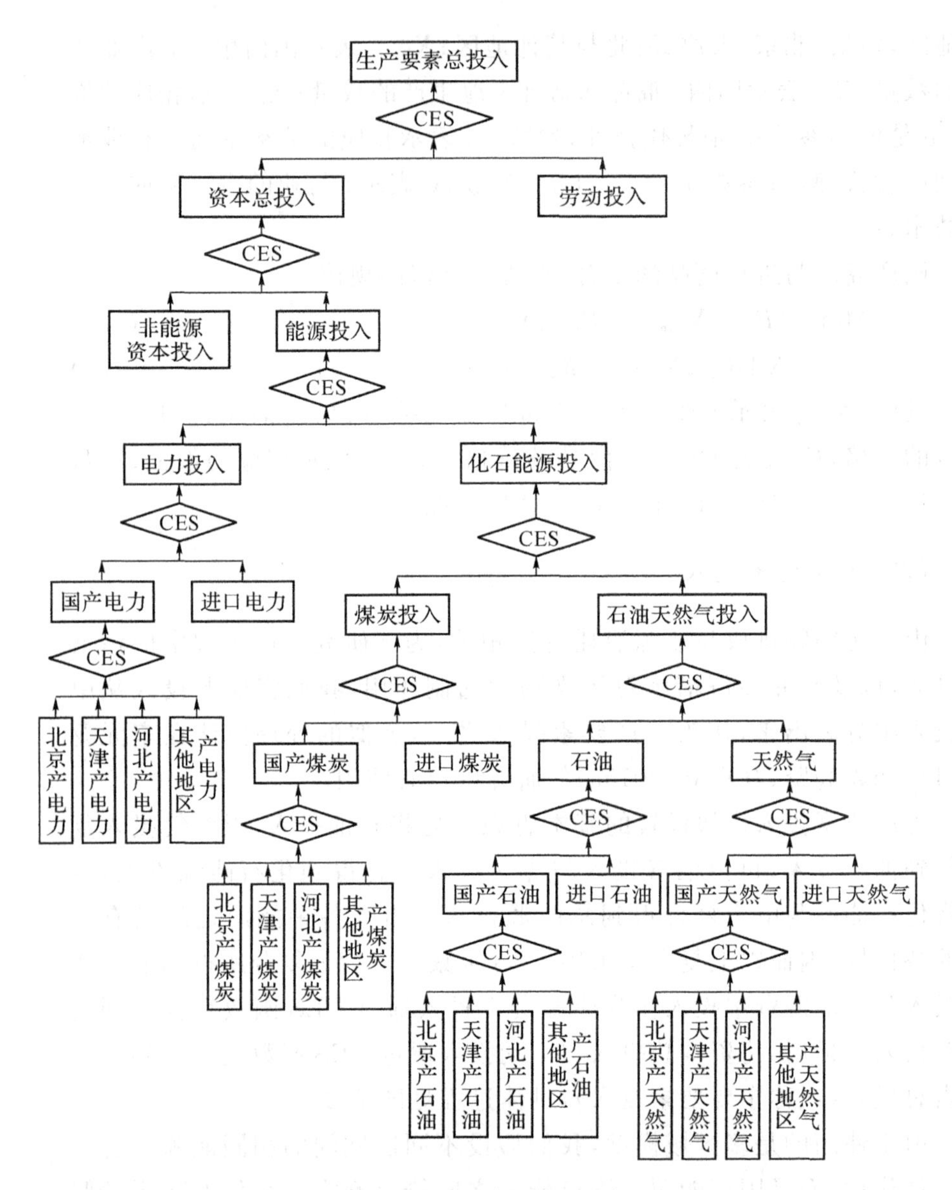

图 7.2 生产要素总投入嵌套

二、需求模块

(一)投资需求模块

投资需求模块中的投资者需要将商品投入形成新的产业资本。与生产者一样,在做投资决策时投资者同样面临约束性最优化问题。投资需求模块分三层嵌套(见图 7.3)。在最底层,国内各地区生产的商品以 CES 函数复合得到国内生产商品投资需求量,模型方程形式如式 7.5 和式 7.6;第二层根据不完全替代的阿明顿假设,国内生产的商品与进口商品通过 CES 函数复合,模型方程形式如式 7.7 和式 7.8;顶层假设各商品投入之间不可替代,因而采用里昂惕夫函数复合,模型方程形式如式 7.3 与式 7.4。资本需求模块不涉及生产要素投入,所有的复合过程都是以投入成本最小化为追求。

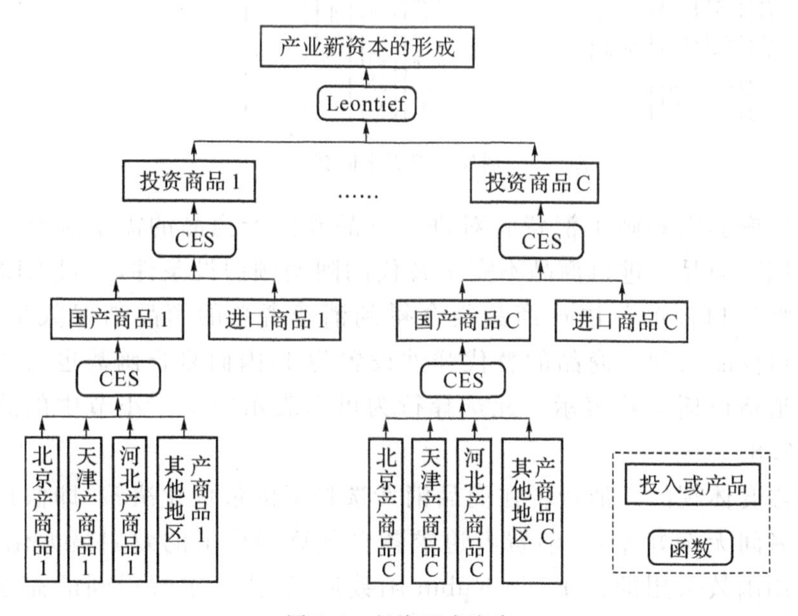

图 7.3　投资需求嵌套

(二)居民需求模块

居民消费者在预算约束下追求效用最大化进行消费决策。本模型中的居民需求模块采取三层嵌套(见图 7.4)。最底层嵌套显示了消费者对国产商品的不同地区来源的选择，优化模型形式如式 7.5 与式 7.6，含义是居民在满足成本最小化的情况下选择各个地区生产的商品消费组合，各地区的产品组合使用 CES 函数进行复合。

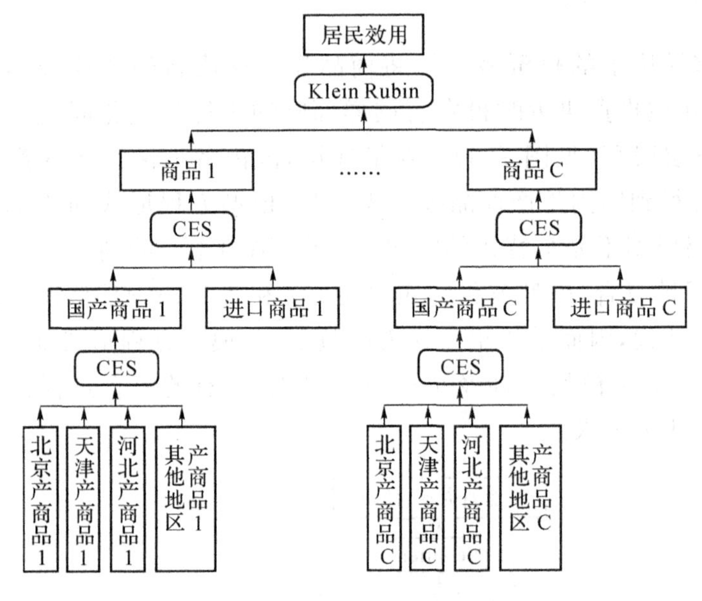

图 7.4 居民消费需求嵌套

第二层嵌套则刻画了消费者对进口商品和国产商品的需求选择情况。根据国产商品和进口商品不完全替代的阿明顿假设条件，通过 CES 函数形式将进口商品与国产商品复合得到消费者总的商品消费数量。此处将进口商品与国产商品的替代弹性设置为 1，因而复合函数也可以用柯布—道格拉斯函数表示。此选择行为可以表示为上一小节中的式 7.7 与式 7.8。

顶层嵌套体现的是消费者在商品消费选择下的最优化决策，即假设居民消费者间无偏好差别，消费者追求各自预算约束下的效用最大化。这里的效用函数采用的是 Klein-Rubin 函数形式，优化求解得到的需求函数即为线性支出系统（Linear Expenditure System, LES），模型方程如下：

$$\max U = [\prod_{c}(X_c - X_c^{sub})^{\beta_c}]/Q \tag{7.9}$$

$$\text{s.t.} \quad Y = \sum_{c} P_c X_c \tag{7.10}$$

其中：U 为每个居民的效用，Q 为居民数，X_c 为居民消费量；X_c^{sub} 为满足居民基本生存需求的消费量；β_c 为居民消费者在商品 c 上的边际预算份额，且有 $0 < \beta_c < 1$，$\sum_c \beta_c = 1$，Y 表示每位居民的消费支出水平，P_c 表示商品 c 的价格。假设消费者的所有收入来自生产要素的收入。

(三)政府需求模块

对政府需求模块处理与投资需求模块的处理类似，政府需求分两层嵌套，底层嵌套由国内四个地区生产的商品通过 CES 复合得到国产商品数量，进而在第一层，通过 CES 复合得到政府的需求量，模型形式如式 7.3 与式 7.4。

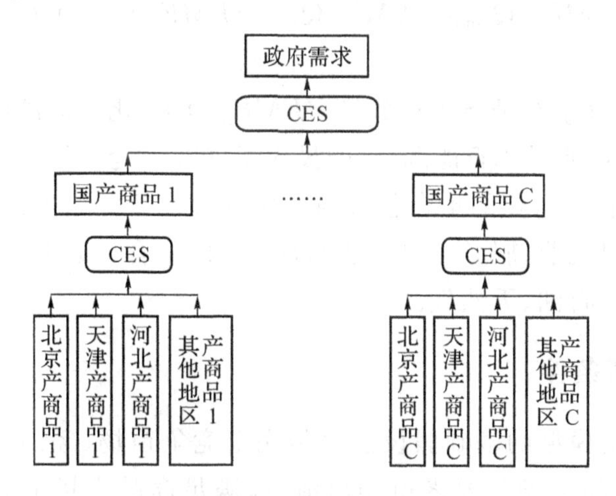

图 7.5　政府需求嵌套

三、排放与污染板块

在对PM2.5浓度的计算上，由于它与化石能源燃烧产生的 SO_2 和 NO_x 排放量高度相关，特别是与 SO_2 存在一定的较为稳定的关系，很多学者以 SO_2 排放量作为研究对象，模拟PM2.5的治理程度，例如，将 SO_2 的增长速度用于PM2.5增速的估测。这一做法在国外，特别是欧洲很多国家使用较多而且较为成熟。因为他们的长期监测结果显示，SO_2 与PM2.5之间存在稳定的关系。魏巍贤、马喜立(2015a)曾经使用 2013 年的数据，假定 SO_2 与PM2.5年平均浓度保持 2013 年的比例关系不变，用以推算未来中国的PM2.5年平均浓度。本研究借鉴此计算方法在考虑各行业的减排技术(能源清洁技术以及能源利用效率)影响的基础上,使PM2.5的增长速度与 SO_2 排放的增长速度挂钩。

在对 SO_2 排放进行计算时,由于京津冀地区地质活动较少,自然产生的 SO_2 量少,有学者估算其仅占空气中总量的10%左右,而90%来源于人类在生产、生活中使用和消耗的能源,因而模型设置中假设 SO_2 全部来源于煤炭、石油和天然气三种化石能源的消耗和使用。计算 SO_2 排放量时,本章采用间接计算方式,即由该行业化石能源投入量乘以投入的能源再乘以相应 SO_2 排放因子然后除以该行业平均能源清洁技术参数得到,该计算方法参考魏巍贤、马喜立(2016)的计算方法,计算公式如下:

$$EM_j=(EMF_{coal}Q_{j,coal}+EMF_{oil}Q_{j,oil}+EMF_{gas}Q_{j,gas})/CLT_j \tag{7.11}$$

其中:EM_j 表示 j 行业 SO_2 排放量。EMF_{fe} 为 fe 化石能源的 SO_2 排放因子;$Q_{j,fe}$ 为 j 行业对化石能源 fe 的投入量;CLT_j 为 j 行业的脱硫等有关清洁减排技术,j 行业的集合包含前文中的商品生产行业 i 的集合,含农业、制造业、建筑业、服务业以及能源行业 e 的集合。以上 fe 代表化石能源,包含煤炭、石油、天然气。

四、市场出清条件

由于一般均衡模型的基础假设前提是完全竞争市场、经济系统供需均衡,因而要求商品市场与要素市场出清,即满足商品市场上商品供应与需求相等,生产要素市场上要素供应与需求相等。具体而言,在商品市场上,商品总产出等于包括中间投入品需求、投资需求、居民消费需求、政府需求以及存货需求在内的总需求。

在生产要素市场上,出清条件满足:劳动投入等于劳动供应;资本投入等于资本供应;各能源投入等于各能源供应。

五、模型的动态化与闭合

(一)动态递归

模型设置中采用递归动态模型,使用资本存量作为链接 t 期与 $t+1$

期的变量。即本期资本存量减去本期资本折旧部分再加上本期新的投资等于下一期的资本存量,该关系由下式表明。

$$KD_{j,t+1}=(1-\delta_j)KD_{j,t}+INV_{j,t} \quad (7.12)$$

其中:$KD_{j,t+1}$表示第 $t+1$ 期 j 行业的资本存量,δ_j 表示 j 行业的折旧,$INV_{j,t}$表示第 t 期 j 行业的新增投资。

(二)闭合条件

CGE 模型中,模型闭合是模型建立和成功运行的关键步骤,其关键之处在于设定好求解过程中哪些变量是内生变量,哪些变量是外生变量,并且内生变量的个数必须与方程的个数相等。之后就可以对外生变量赋值,从而模拟不同的政策冲击,得到不同冲击下经济受到的影响。其中外生变量的不同设置就是模型闭合的情景设置,反映了对市场以及宏观行为的不同假设。一般来说,闭合方式分三种:新古典闭合、凯恩斯闭合以及路易斯闭合。本书的闭合采用新古典主义宏观闭合规则,其特征是所有价格包括要素价格和商品价格是由模型内生决定的;而所有生产要素则被假设是充分就业,即生产要素外生给定。除了新古典主义闭合设定资本增长率、劳动力增长率外生,模型亦将硫税税率、生产税等设为外生,其余的变量均为内生变量,如行业产量、商品价格、商品的消费量等。

第二节　数据的处理与参数的设置

对于中国区域间投入产出数据过去一直没有官方版本的发布,研究中我们发现中国科学院研究制作的 2010 年中国 30 个省区市中 30 个部门地区间投入产出表较为合理可信,这是目前最新、最权威也最完整的区域间投入产出表。因此,本书以该区域投入产出表为基础数据。

根据前文介绍,本研究将中国划分为北京市、天津市、河北省、其他地区四大区域进行建模。我们结合国家和地方统计年鉴,将 30 个行业合并和拆分成八大行业:农业、石油、天然气、煤炭、制造业、建筑业、电力、服务业,以及相应的 8 种商品(见表 7.1)。在行业合并与拆分的过程中,我们参照石敏俊、张卓颖等(2012)的研究方法将投入产出表中“石油和天然气开采业”与“石油加工、炼焦及核燃料加工业”两个行业进行合并和拆分成“石油”和“天然气”两个行业。研究中,根据原油和天然气各自的产量将“石油和天然气开采业”分解成“原油开采业”和“天然气开采业”,同样的方法将“电力、热力的生产和供应业”分解成“电力的生产和供应业”和“热力的生产和供应业”。

此外,由于服务业大气污染有关的排放量相对较低,故不将其进行细分,研究证明这样处理,不会对模型运行结果产生实质的影响。

表 7.1 行业合并前后对照

合并、拆分后部门名称	合并前行业(部门)名称
农业	农林牧渔业
煤炭开采和洗选业	煤炭开采和洗选业
石油开采业	石油和天然气开采业——石油部分
天然气开采业	石油和天然气开采业——天然气部分
制造业	金属矿采选业,非金属矿及其他矿采选业,石油加工、炼焦及核燃料加工业,化学工业,非金属矿物制品业,金属冶炼及压延加工业,金属制品业,通用、专用设备制造业,交通运输设备制造业,电气机械及器材制造业,通信设备、计算机及其他电子设备制造业,仪器仪表及文化办公用机械制造业,食品制造及烟草加工业,纺织业,纺织服装鞋帽皮革羽绒及其制品业,木材加工及家具制造业,造纸印刷及文教体育用品制造业,其他制造业,燃气及水的生产与供应业,电力、热力的生产和供应业(热力部分)
电力生产和供应业	电力、热力的生产和供应业(电力部分)
建筑业	建筑业
服务业	交通运输及仓储业,研究与试验发展业,金融业,房地产,信息传输、计算机服务和软件业,批发零售业,住宿餐饮业,租赁和商业服务业,水利、环境和公共设施管理业,居民服务和其他服务业,教育,卫生、社会保障和社会福利业,文化、体育与娱乐业,公共管理与社会组织

注:本模型分的 8 个生产部门与《2010 年中国 30 省区市区域间投入产出表》的 30 个部门对应。

其他有关数据均来自于国家统计局、北京市统计局、天津市统计局与河北省统计局公布的国民经济数据或者通过这些官方数据计算和推断所得。由于京津冀地区的经济发展速度以及产业增长速度缺乏相应的研究,我们在参考中国经济增速的基础上,对北京、天津、河北以及国内其他地区的经济增速及产业增速进行了估测。中国重点城市的PM2.5浓度统计局只公布了2013—2015年的数据，2010—2012年的数据却缺乏系统的官方对外公布监测数据，因而这三年的PM2.5浓度数据本研究参考北京大学统计科学中心、北京大学光华管理学院共同完成的关于北京过去五年雾霾污染数据调查的报告（2015）。在此基础上，本研究参考了SO_2的排放增速推算得到天津、河北及全国其他地区的PM2.5浓度数据。

本章参数设置中，大部分弹性系数来源于GTAP9数据库，例如要素之间的替代弹性以及各商品的国内与进口之间的替代弹性等。其他的参数主要参考近年来国内外相关领域的研究文献和成果，其中煤炭、石油和天然气之间的替代弹性参照Fæhn（2015）的研究结果，折旧率参考Bao等（2013）。中国人口数据预测值参考联合国经济和社会事务部人口司出版的《世界人口展望（2011）》。

第三节　本章小结

为了研究经济政策，特别是环境税政策对污染治理的作用以及对经济的扰动，本章构建了京津冀区域动态可计算一般模型，简称JJJ-RDCGE。该模型以ORANI-G模型为基础，修改了部分生产模块，添加了污染模块，并建立了动态链接。所以本章中介绍了JJJ-RDCGE基本架构与核心模块，阐述核心模块的理论基础，包括生产模块的设置、污染模块、动态跨期链接以及模型的闭合，从而使模型模拟环境经济政策模拟的实现成为可能。由于本研究属利用CGE模拟京津冀雾霾治理研究的初次尝试，研究中遇到了诸多实际问题，例如与全国的经济总量相比，京津冀地区的经济总量只占到1/10，导致模型运行出现诸多困难。为此，为了研究方便，本章不对生产部门做详细划分，而是合并为主要的八个部门，得到一个较为简化的模型系统。通过这一简化系统，基本能满足本研究需要，一定程度上可以模拟政策的治理结果以及对经济产生的影响。但是，相对于实际的经济和能源系统的复杂性，该模型尚存在一定的不足和不完善之处。

第八章　京津冀雾霾治理路径分析

本章将在第七章构建的模型基础之上，对硫税、消费税、区域补偿等雾霾治理政策进行模拟，并对模拟结果展开分析以判断政策的有效性与可行性。

第一节　基准情景的设置

基准情景指的是不采取任何相关政策手段，经济未来几十年的自然发展状态。基准情景是评价采取一定的大气污染治理政策对京津冀地区，乃至全国污染情况与经济影响的参考情景。本章的基础情景设计基于以下假设：不采取任何经济政策手段，按照目前已有的趋势，仅考虑环保型技术的使用等末端治理手段，例如使用脱硫脱硝的煤炭、提高油品质量、提高汽车排放标准，要求燃煤电厂及污染企业安装和使用废气净化装置，机动车安装和使用尾气净化装置等情况下的经济运行态势以及大气污染发展趋势。

模型的基准情景运行结果表明到 2030 年，只考虑环保技术进步和末端治理手段的采取，只能将北京、天津与河北省三地的PM2.5年平均浓度分别降到 $46\mu g/m^3$、$48\mu g/m^3$ 和 $49\mu g/m^3$ 左右，该结果与马骏、李治国(2014)的研究结果 $46\mu g/m^3$ 比较接近，可见结果比较可信，但是与国家要求的 $35\mu g/m^3$ 的治理目标相差很大，足见仅靠环保技术与末端治理效果有限，雾霾的长效治理离不开经济政策的采用。中国政府在研究部署加强雾霾等大气污染治理工作中提出要进一步发挥价格、税收和补贴等的激励和导向作用，其中征收环境税以及特定行业的消费税是下一步改革的方向。而且，在京津冀协同纲要中指出要加强产业转移以及进行区域补偿以促进大气污染治理，在此背景下，研究构建 CGE 模型模拟上述政策的实施对大气污染治理产生的效果以及对宏观经济产生的影响，情景设定说明及代码见表 8.1。

表 8.1 情景名称及对应代码

情景代码	情景含义
BAU	基准情景：不采取任何经济措施，也不采取专门的行政治理手段，仅保持现有的污染技术发展趋势进行末端治理，经济与环境的自然发展情况
SS1～SS3	硫税情景：向京津冀地区企业征收不同税率的硫税
SP1～SP3	生产税情景：提高京津冀地区的煤炭行业与制造业的生产税率
SC1	征收硫税以及提高生产税的综合情景
SC2	征收硫税以及提高生产税加上行业补贴的综合情景
SC3	征收硫税、提高生产税、进行行业补贴加上区域利益补偿的综合情景

第二节 征收硫税作为治理政策的治理效果和影响

一、情景设置

硫税顾名思义，是对所排放的 SO_2 征收的税，属于环境税的一种。一般而言，硫税有两种计征方法，一是政府根据生产活动中 SO_2 排放量制定税率政策（属直接环境税）；二是根据企业（有些包含居民）生产消费过程中消耗了多少会产生 SO_2 的能源中的含硫量进行征税（属间接环境税）。前者直接对排放的 SO_2 数量进行征税，是一种最为理想和公正的方式，但是需要实时监测排放，所以实施成本非常高；后者是依照所用燃料或能源的含硫量课税，该方法比较合理，关键是简洁易行且操作成本低，故为国际上广泛使用。本书在计算 SO_2 排放量时采用第二种计算模式，即根据化石能源中的含硫量计算 SO_2 的排放量，然后根据各行业的清洁技术水平调整得到最终排放量。

过去，中国对于污染排放实行了一些征税收费制度。以SO_2为例，2003年7月，中国开始对SO_2排放进行收费，当时的收费标准为每吨210元，2005年后，该收费标准上调至每吨630元；后来到了2014年底，在国家发改委、财政部、环境保护部联合颁发的《关于调整排污费征收标准等有关问题的通知》中，该标准被进一步上调至1.2元/污染当量，折合成SO_2的排放量，约为每吨1263元，可见SO_2污染排放费用越来越高。但即便如此，与其他国家相比，中国硫排放的费用标准依然太过低廉，而且治理效果堪忧。以美国为例，早在20世纪70年代，美国就已开始征收硫税，其税率标准大概相当于SO_2每磅10美元至15美元，即每排放一吨SO_2需要交22050美元至33075美元硫税税额，具体标准依当地污染情况会有调整，当地大气污染越严重，硫税税率则越高。中美硫排放税费标准可谓是天壤之别。

随着这些年中国的大气污染越来越严重，影响面越来越广，人们对大气治理的要求越来越迫切，从而吸引了不少学者对采用硫税进行大气污染治理展开研究。例如魏巍贤、马喜立(2015b)的研究认为硫税2020年税率应定在13783元/吨，2050年税率应达到88769元/吨方能达到大气污染的治理目标。当前京津冀地区大气环境污染严重，政府对污染治理的执行也越来越严格，我们认为中国现行的SO_2排放的费用标准有很大的提高空间，打算研究找出多高的硫税可以达到将2030年京津冀地区的PM2.5浓度降到国家空气质量二级标准，达到国家的大气污染治理目标。参照过去研究结论，结合京津冀地区的实际情况，本章将征收硫税的情况做了三种情景(SS1—SS3)假设。SS1情景为，将北京、天津与河北的硫税税率设置以7000元/吨为基础开征；SS2情景设置为，向北京、天津与河北三地分别征收8000元/吨、6000元/吨、13000元/吨的硫税。SS3情景设置为，向北京、天津与河北分别征收15000元/吨、11000元/吨、24000元/吨的硫税。硫税设置中，每种情景下都要经历三次硫税冲击(分别为2017年、2021年与2026年)，这样设置的目的一是方便政府对经济长短期所受影响的观察；二是考虑到现实社会中财税政策并不会每年都调整，一般是出台新政，需要一段时间观察其实施效果，再进一步调整。由于情景说明较为繁复，因而详细列于表8.2中便于查看。

表 8.2　情景的设定及对应代码

情景代码	情景含义
SS1	硫税情景 1。北京、天津、河北采取统一的硫税标准，硫税冲击设为：2017—2020 年 7000 元/吨；2021—2025 年 14000 元/吨；2026—2030 年 21000 元/吨
SS2	硫税情景 2。北京、天津、河北三地采用非统一硫税标准，硫税冲击设为： 北京 2017—2020 年 8000 元/吨，2021—2025 年 16000 元/吨，2026—2030 年 24000 元/吨； 天津 2017—2020 年 6000 元/吨，2021—2025 年 10000 元/吨，2026—2030 年 18000 元/吨； 河北 2017—2020 年 13000 元/吨，2021—2025 年 26000 元/吨，2026—2030 年 39000 元/吨
SS3	硫税情景 3。北京、天津河北三地采用非统一硫税标准，硫税冲击设为： 北京 2017—2020 年 15000 元/吨，2021—2025 年 30000 元/吨，2026—2030 年 45000 元/吨； 天津 2017—2020 年 11000 元/吨，2021—2025 年 22000 元/吨，2026—2030 年 33000 元/吨； 河北 2017—2020 年 24000 元/吨，2021—2025 年 48000 元/吨，2026—2030 年 72000 元/吨

二、硫税政策的治理效果及对经济发展的影响

表 8.3 展示了 SS1 硫税冲击的结果，结果可以看到征收硫税的区域 PM2.5年均浓度下降得比 BAU 情景中快，证明硫税征收对控制PM2.5污染的效果明显。而且结果证明其他地区由于不征收硫税，PM2.5反而增加，我们分析主要原因是对北京、天津、河北三地征收硫税，导致一些污染产业会因为生产成本提高而转移到区域外其他地区，从而推高了其他地区的污染程度。

表 8.3　征收硫税后各区域 2030 年PM2.5浓度　　单位：$\mu g/m^3$

区域	BAU	SS1	SS2	SS3
北京	46.2	41.8	39.5	35.1
天津	47.7	40.8	39.8	34.9
河北	48.7	45.6	41.0	35.8
其他地区	36.2	36.3	36.4	36.6

SS1 情景中，三地按照同一硫税标准征收，结果表明北京、天津、河北三地长期来看天津的空气质量对硫税更加敏感，征收同样高的硫税天津的PM2.5下降幅度较北京与河北大。到 2030 年，三地的PM2.5分别降至 41.8μg/m³、40.8μg/m³ 与 45.6μg/m³（表 8.3），与 BAU 情景相比，治理效果比较明显，但是离 35μg/m³ 的治理目标差距还是很大。不过，值得注意的是，河北由于基数过大、重工业比重较高而且清洁能源所占比重低等原因，2030 年的PM2.5指数远高于北京和天津两市，因而分析需要更高的硫税标准才能达到预期的治理效果。

在 SS2 情景中，北京、天津和河北三地的硫税税率均提高了，另外采取了地方区别税率，基于天津PM2.5浓度对硫税较为敏感而河北大气污染治理效果对硫税较不敏感，我们将三者硫税档位分别设置为 8000 元/吨、6000 元/吨、13000 元/吨。SS2 情景冲击结果显示PM2.5浓度抑制效果有明显提高，但是依然与我们希望的目标还有差距。为此，我们在 SS3 情景中，将硫税标准进一步提高，三地的硫税标准分别增加至 15000 元/吨、30000 元/吨和 45000 元/吨，并分别于 2021 年与 2026 年硫税税率各提高一次。该情景设置可以使PM2.5于 2030 年控制在二级标准左右（35μg/m³）。

在对模拟结果的分析中，我们发现，征收的硫税水平越高，污染治理的效果越好，不过，模拟结果也显示硫税治污的边际效用是递减的。也就是说，随着硫税的提高，PM2.5浓度降低，但是通过降低一单位浓度的PM2.5所需要征收的硫税却越来越高。经过结论比较，三种征收硫税模拟情景中，SS3 的治理结果最好，说明如果单独使用硫税情景，硫税标准需要设定在 SS3 所描述的情景时，方能基本达到国家二级标准（35μg/m³）。

图 8.1 至图 8.3 分别是硫税情景下北京、天津、河北的PM2.5浓度变化路径。模型运行结果显示，天津对硫税的敏感度较低，而税率统一标准的“一刀切”形式会导致天津最好，北京次之，河北最差，每个地区的治理效果高低不一。可见，对京津冀三地硫税采取地方区别税率的效果更好。

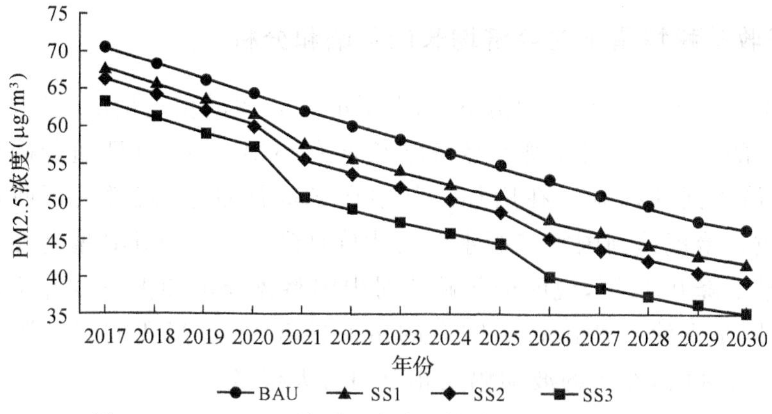

图 8.1　2017—2030 年北京市硫税情景下PM2.5治理路径

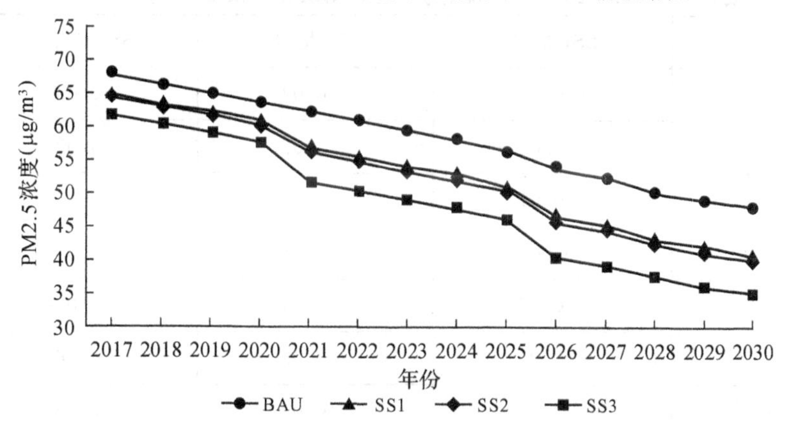

图 8.2　2017—2030 年天津市硫税情景下PM2.5的治理路径

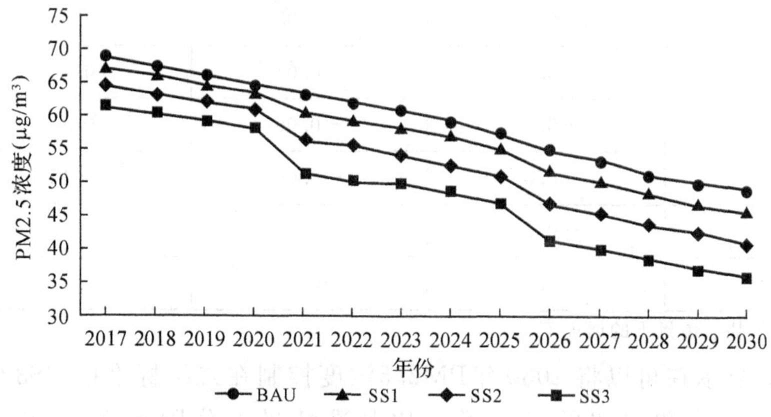

图 8.3　2017—2030 年河北省硫税情景下PM2.5的治理路径

三、征收硫税情景下对经济增长的影响和分析

表8.4展示了三种情景冲击下全国GDP增长率的变动情况，结果说明征收硫税的三种情景下，国家经济增长都有小幅下降，而且随着硫税的递增，经济受到的抑制也在增加。其中在SS3情景中，硫税的征收可以将空气质量治理达到国家二级水平的代价是到2030年GDP增速相对于基准情景下降0.14%，说明征收硫税对中国整体经济冲击幅度并不算大，主要原因是京津冀产出在全国占的份额较低，不过当我们将着眼点放到京津冀地区时，经济的波动幅度相对而言大很多。

表8.4 2017—2030年硫税情景下全国GDP增长率的变动 单位：%

年份	SS1情景	SS2情景	SS3情景
2017	−0.01	−0.03	−0.05
2018	−0.01	−0.02	−0.03
2019	−0.01	−0.01	−0.03
2020	0.00	−0.01	−0.02
2021	−0.02	−0.04	−0.08
2022	−0.01	−0.03	−0.06
2023	−0.01	−0.03	−0.06
2024	−0.01	−0.03	−0.05
2025	−0.01	−0.03	−0.06
2026	−0.03	−0.07	−0.14
2027	−0.03	−0.06	−0.13
2028	−0.02	−0.06	−0.12
2029	−0.02	−0.06	−0.13
2030	−0.03	−0.06	−0.14

注：相对于基准情景下的增速变动。

表8.5显示在可以将2030年PM2.5浓度控制在二级标准的SS3情景下，北京、天津和河北的经济增速比基准情景下分别下降0.30%、0.76%、1.85%，总的来说除了河北地区的经济受到较明显影响外，其他

三个地区受影响程度略轻，尤其是京津冀以外其他地区的经济增长速度只降低了0.01%，结合表8.4的结果可知，全国经济增速的下降是由京津冀的经济增长变化所带来的。而河北省经济受到的冲击最大，显然与河北省的经济结构和能源结构有关。同样，由于天津市的工业所占比重高于北京市，因而硫税给经济带来的冲击比北京高也是符合常理的。不过，需要注意的是，虽然情景设置中有三次增税，但模型结果依然很明显可以看出，征收硫税对经济增长的影响程度会随着时间的推移逐渐减弱，这也是为什么硫税水平要不断提高的原因（Xu et al.，2009；Tang et al.，2015）。

四、征收硫税对行业产出水平的影响和分析

模型对三种情景的冲击模拟结果总结见表8.6，在设置的三种硫税情景下，受影响最大的是煤炭产业，其次是油气行业与制造业。SO_2排放量低的行业，受影响小，主要原因是征收硫税会增加化石能源的使用成本，化石能源中煤炭含硫量最高，因而对煤炭行业的成本冲击最高，造成煤炭产业产出大幅下降。2030年在SS3情景下京津冀三地的煤炭产业比基准情景的增速分别下降了28.9%、29.7%与24.78%。值得注意的是模型运行结果显示硫税对天然气产业冲击很大，天然气产量大幅下降，SS3情景中，到2030年，京津冀三地的天然气产出分别比BAU情境下降了2.47%、16.43%与29.6%，这就是治理大气污染的同时一些高污染行业所面临的代价。主要原因是当硫税大幅抑制了一些污染行业的产出的同时，也抑制了所需的能源投入，首当其冲的是昂贵的天然气。电力部门产出下降较快也是同样的道理，均属于能源与耗能产业互补效应的表现。制造业因为能源消耗大，特别是消耗化石能源多，所以，硫税的征收带来成本的增加也较为明显，从而产出受到抑制。这些高污染行业产出受到抑制在一定程度上就体现了以硫税作为大气污染治理手段的效果，虽然硫税调控的结果是直接降低SO_2的排放，但由于PM2.5浓度跟空气中的SO_2浓度存在或直接或间接的稳定关系，因而也会使PM2.5浓度得到控制。

表 8.5 2017—2030 年征收硫税对地方 GDP 的影响

单位：%

年份	SS1 情景				SS2 情景				SS3 情景			
	北京	天津	河北	其他地区	北京	天津	河北	其他地区	北京	天津	河北	其他地区
2017	−0.04	−0.06	−0.14	0.00	−0.08	−0.08	−0.37	0.00	−0.15	−0.15	−0.70	−0.01
2018	−0.03	−0.05	−0.09	0.00	−0.05	−0.06	−0.24	0.00	−0.11	−0.12	−0.46	0.00
2019	−0.03	−0.04	−0.07	0.00	−0.05	−0.05	−0.19	0.00	−0.09	−0.11	−0.37	0.00
2020	−0.03	−0.05	−0.06	0.00	−0.04	−0.06	−0.17	0.00	−0.09	−0.11	−0.35	0.00
2021	−0.08	−0.13	−0.22	0.00	−0.13	−0.16	−0.61	0.00	−0.27	−0.34	−1.19	−0.01
2022	−0.06	−0.12	−0.16	0.00	−0.10	−0.15	−0.46	0.00	−0.22	−0.31	−0.94	0.00
2023	−0.05	−0.12	−0.14	0.00	−0.09	−0.14	−0.42	0.00	−0.20	−0.31	−0.86	0.00
2024	−0.04	−0.11	−0.13	0.00	−0.08	−0.14	−0.39	0.00	−0.18	−0.31	−0.81	0.00
2025	−0.04	−0.12	−0.13	0.00	−0.08	−0.15	−0.40	0.00	−0.17	−0.33	−0.82	0.00
2026	−0.10	−0.25	−0.35	0.00	−0.19	−0.32	−0.99	−0.01	−0.40	−0.68	−1.96	−0.01
2027	−0.08	−0.24	−0.29	0.00	−0.16	−0.30	−0.85	0.00	−0.35	−0.66	−1.72	−0.01
2028	−0.06	−0.23	−0.27	0.00	−0.14	−0.30	−0.81	0.00	−0.30	−0.67	−1.66	−0.01
2029	−0.06	−0.24	−0.28	0.00	−0.13	−0.32	−0.84	0.00	−0.30	−0.70	−1.71	−0.01
2030	−0.05	−0.26	−0.31	0.00	−0.13	−0.34	−0.91	−0.00	−0.30	−0.76	−1.85	−0.01

注：相对于基准情景的增速变动。

表 8.6 2017—2030 年征收硫税对每个产业产出水平影响

单位：%

地区	产业类别	SS1 情景				SS2 情景				SS3 情景			
		2017 年	2020 年	2025 年	2030 年	2017 年	2020 年	2025 年	2030 年	2017 年	2020 年	2025 年	2030 年
北京	农业	−0.12	−0.22	−0.74	−1.48	−0.19	−0.35	−1.17	−2.32	−0.37	−0.65	−2.09	−4.06
	煤炭	−2.10	−4.36	−8.87	−11.58	−3.35	−6.82	−13.59	−17.47	−6.32	−12.19	−23.14	−28.90
	石油	−0.42	−1.31	−5.04	−10.92	−0.66	−2.06	−7.80	−16.39	−1.25	−3.83	−14.12	−27.93
	天然气	−0.16	−0.33	−0.77	−0.70	−0.26	−0.53	−1.19	−1.08	−0.50	−1.00	−2.28	−2.47
	制造业	−0.20	−0.33	−1.09	−2.20	−0.31	−0.51	−1.64	−3.29	−0.58	−0.93	−2.96	−5.78
	电力	0.05	0.27	0.65	0.65	0.08	0.45	1.05	1.04	0.13	0.81	1.85	1.69
	建筑业	−0.04	−0.03	−0.09	−0.22	−0.07	−0.06	−0.18	−0.48	−0.12	−0.12	−0.32	−0.84
	服务业	−0.05	0.00	0.08	0.18	−0.08	0.00	0.11	0.25	−0.15	0.00	0.20	0.43
天津	农业	−0.17	−0.17	−0.48	−0.94	−0.22	−0.23	−0.66	−1.28	−0.40	−0.41	−1.16	−2.19
	煤炭	−2.27	−4.46	−9.81	−15.03	−2.90	−5.61	−12.04	−18.27	−5.28	−9.89	−20.41	−29.70
	石油	−0.10	−0.04	0.40	1.45	−0.13	−0.08	0.38	1.63	−0.23	−0.14	0.73	2.97
	天然气	−0.65	−1.48	−4.46	−8.40	−0.79	−1.78	−5.31	−9.77	−1.41	−3.16	−9.20	−16.43
	制造业	−0.25	−0.40	−1.25	−2.80	−0.30	−0.45	−1.42	−3.17	−0.54	−0.82	−2.50	−5.44
	电力	−0.29	−0.25	−0.77	−2.24	−0.19	0.05	−0.13	−1.67	−0.37	0.06	−0.43	−3.49
	建筑业	−0.05	−0.01	0.02	−0.01	−0.07	−0.01	−0.01	−0.06	−0.12	−0.03	−0.02	−0.12
	服务业	−0.05	0.09	0.34	0.60	−0.07	0.09	0.34	0.57	−0.13	0.16	0.59	0.95

续表

地区	产业类别	SS1 情景				SS2 情景				SS3 情景			
		2017 年	2020 年	2025 年	2030 年	2017 年	2020 年	2025 年	2030 年	2017 年	2020 年	2025 年	2030 年
河北	农业	−0.16	0.02	0.07	0.13	−0.40	0.06	0.18	0.32	−0.72	0.11	0.33	0.60
	煤炭	−1.79	−2.29	−4.35	−6.37	−4.40	−5.60	−10.40	−14.84	−7.90	−9.89	−17.90	−24.78
	石油	−0.27	−0.51	−1.43	−2.01	−0.64	−1.18	−3.13	−3.79	−1.14	−2.08	−5.26	−5.47
	天然气	−0.51	−0.84	−2.94	−7.21	−1.32	−2.21	−7.69	−18.03	−2.35	−3.94	−13.41	−29.60
	制造业	−0.33	−0.44	−1.19	−2.27	−0.85	−1.14	−3.08	−5.80	−1.54	−2.07	−5.50	−10.15
	电力	−0.57	−0.70	−1.63	−2.78	−1.60	−2.03	−4.75	−7.87	−2.96	−3.79	−8.88	−14.40
	建筑业	−0.05	0.07	0.31	0.46	−0.14	0.19	0.79	1.13	−0.25	0.35	1.40	1.90
	服务业	−0.10	0.12	0.49	0.91	−0.24	0.32	1.33	2.46	−0.43	0.59	2.41	4.41
其他地区	农业	−0.00	−0.00	−0.00	−0.00	−0.00	−0.01	−0.02	−0.03	−0.00	−0.02	−0.04	−0.07
	煤炭	−0.10	−0.15	−0.27	−0.33	−0.24	−0.35	−0.63	−0.77	−0.41	−0.61	−1.02	−1.18
	石油	−0.04	−0.13	−0.48	−1.06	−0.06	−0.19	−0.66	−1.37	−0.11	−0.33	−1.13	−2.28
	天然气	0.08	0.22	0.89	2.21	0.15	0.39	1.52	3.76	0.27	0.70	2.67	6.35
	制造业	0.01	0.03	0.09	0.20	0.02	0.05	0.18	0.36	0.04	0.10	0.31	0.62
	电力	0.05	0.13	0.34	0.50	0.11	0.28	0.70	0.99	0.21	0.52	1.31	1.84
	建筑业	0.00	−0.00	−0.01	−0.02	0.00	−0.01	−0.03	−0.04	0.00	−0.02	−0.06	−0.07
	服务业	−0.01	−0.02	−0.06	−0.12	−0.01	−0.03	−0.12	−0.23	−0.03	−0.06	−0.21	−0.43

注：相对于基准情景下的增速变动。

由于耗能高的产业产出受到了抑制，京津冀地区的产业结构也随之发生了显著变化。表 8.6 中可看出，耗能最大的制造业有不同程度的下降，而服务业则有不同程度的上升，使得产业结构得到不同程度的优化和调整。以 SS3 情景为例，征收硫税使北京的制造业 2030 年产量增幅比基准情景低 5.78%，服务业比基准情景增幅提高 0.43%；对天津而言，2030 年制造业产量增幅比 BAU 情景降低了 5.44%，服务业产出增速比 BAU 情景提高了 0.95%；而对河北来说，制造业产出增速比 BAU 下降更多，降幅达到 10.15%，服务业产出增速比 BAU 大幅提高了 4.41%。这都说明京津冀地区的产业结构得到优化。

第三节 征收消费税政策的治理效果和影响

消费税(consumption tax)是以消费品的流转额作为征税对象的各种税收的统称，是以特定消费品为课税对象所征收的一种税，属于流转税的范畴。在对货物普遍征收增值税的基础上，选择对某种特殊的消费品再征收一道消费税，达到调节产品结构、引导消费方向的目的，一定程度上还可以增加国家财政收入。李雪妍(2016)的研究中认为，消费税是对某种特殊消费品或特定消费行为征收的一种商品税，按照消费流转额进行征收，最终承担人是消费者。正是因为消费税的这一税赋特征，消费税的征收对于国家引导消费、改变消费结构、引导产业发展等方面具有重要作用。

多年来，消费税占中国全国税收收入的比例稳定在 7%～8%，是我国财政预算收入中的重要组成部分。不过，就过去消费税应税消费品税目设置、消费税征收调节目的以及实际征收等情况看来，国内消费税的征收主要偏重于有害消费品和奢侈消费品等消费对象，在环境污染防治和节能减排的作用上，中国消费税尚未显现出其该有的作用和功能。而消费税未具备对污染物消费方面的调节作用，这与中国消费税征收范围设置上的“缺位”分不开。在这一情况下，基于国家对建设可持续发展和环境友好的产业结构的日益重视，对高污染产品纳入消费税征收范围的研究具有重要意义。

随着中国能源消耗总量持续增加、大气污染不断加重，政府财政政策中加快节能减排和税制改革提上日程。2013年5月，国务院在《关于2013年深化经济体制改革重点工作的意见》中，进一步明确合理调整消费税征收范围和税率，将部分严重污染环境、过度消耗资源的产品纳入征税范围。并于同年在“大气国十条”中提出研究将部分“两高”即高耗能、高污染行业产品纳入消费税征收范围。2014年，财政部提出全面启动财税改革，而消费税就是其中要进行的六大税制改革中的税种之一。所有这些政策动向说明向高污染高耗能产品征收消费税是未来的趋势。所以按照现在财税改革的整体方案，消费税改革的基本原则是：“三高”，即高耗能、高污染和高档消费品，要纳入消费税的征收范围。我们知道，消费税是生产税[①]中的一部分。本章考虑模拟环保有关税改的内容之一——消费税的实施效果。因为受数据可得性影响，模型使用的投入产出表中的税收并未细分为政府各类税种，消费税的缴纳情况也涵盖在生产税中，所以，消费税的征收以及其税率调整，模型中均反映为生产税上的调整。

一、情景设置

武亚军、宣晓伟(2002)曾提到出于环境保护目的征收的消费税将使得对生产和消费过程中损害环境的物品或服务课税会重一些，以此达到污染治理的目的。发达国家对于高污染物进行普遍征税，从污染产生源头进行征税，进而达到影响整个消费环节和调整产业结构的目的。例如许多OECD国家对含铅量不同的汽油采用不同的消费税率。鉴于此，本节研究和模拟煤炭行业与制造业征收消费税的情景。征收消费税在模型设置中表现为生产税的提高，因此情景的具体设置如下：SP1情景，将煤炭业与制造业生产税率分别于2017年提高0.05%，2025年再提高0.05%；SP2情景，将煤炭业与制造业生产税率分别于2017年提高0.8%，2025年再提高0.8%；SP3情景，将煤炭业与制造业生产税率分别于2017年提高0.13%，2025年再提高0.13%(见表8.7)。本节内容研

---

① 根据生产税的定义，一般包含有：营业税、增值税、消费税、烟酒专卖专项收入、进口税、固定资产使用税、车船使用税、印花税、排污费、教育费附加、水电费附加等。

究这三种政策情景下对PM2.5的治理效果以及对经济的影响，研究中，为了初次研究的方便，将征收的生产税的增加去向假设为政府支出。

表 8.7　情景的设定及对应代码

情景代码	情景含义
SP1	消费税情景。三地均将煤炭业与制造业生产税率分别于 2017 年提高 0.05%；2025 年再提高 0.05%
SP2	消费税情景。三地均将煤炭业与制造业生产税率分别于 2017 年提高 0.8%；2025 年再提高 0.8%
SP3	消费税情景。三地均将煤炭业与制造业生产税率分别于 2017 年提高 0.13%；2025 年再提高 0.13%

二、提高生产税的PM2.5治理效果

模型运行结果显示，提高制造业和煤炭业的生产税税率这一政策的治理效果十分显著，京津冀地区PM2.5污染明显下降，表明雾霾污染得到改善，而且研究结果显示税率提高的幅度越大，污染控制的效果越好（见图 8.4 至图 8.6）。除此之外，我们发现生产税税率的提高，对北京、天津与河北治理效果接近，不过对天津与河北的PM2.5治理贡献更大。表 8.8 中，SP3 情景下可使北京、天津和河北省PM2.5的年平均浓度治理达到国家空气质量二级标准。

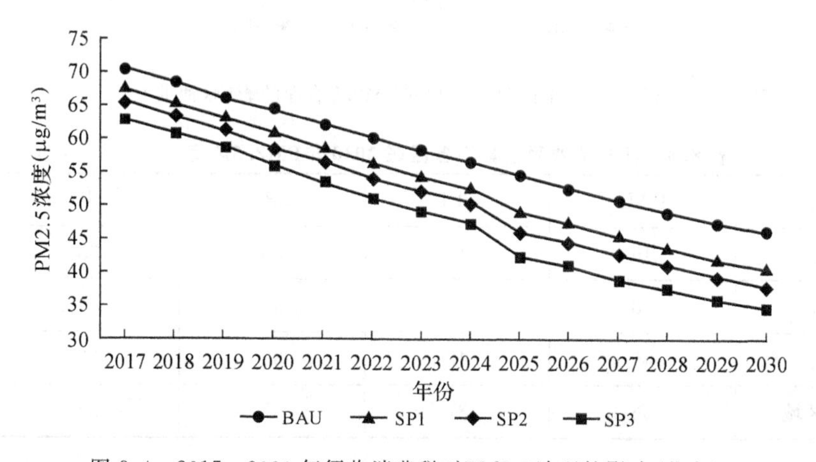

图 8.4　2017—2030 年征收消费税对PM2.5治理的影响（北京）

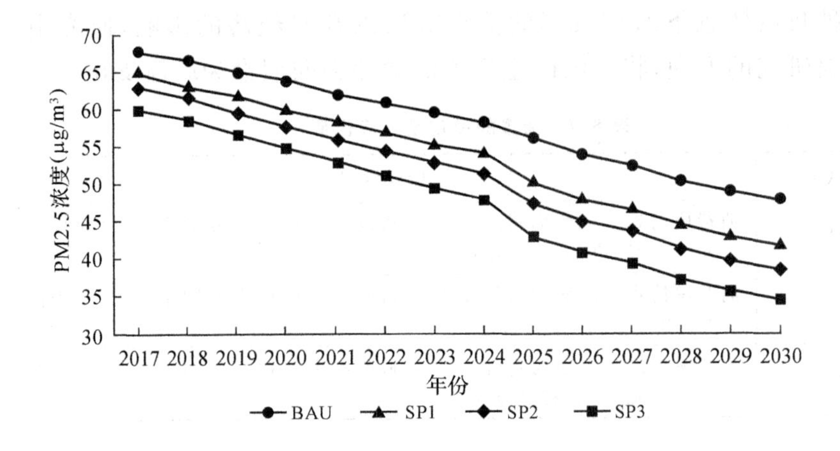

图 8.5　2017—2030 年征收消费税对PM2.5治理的影响(天津)

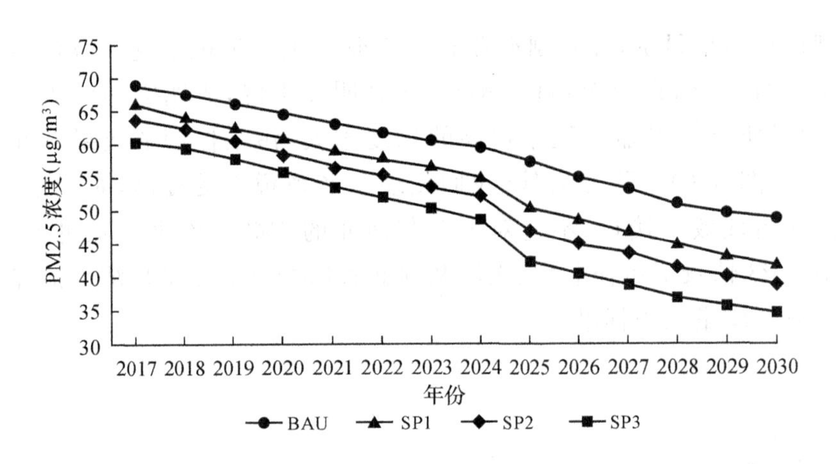

图 8.6　2017—2030 年征收消费税对PM2.5治理的影响(河北)

表 8.8　征收消费税情景下各区域 2030 年PM2.5浓度　　单位:μg/m³

区域	BAU	SP1	SP2	SP3
北京	46	41	38	35
天津	48	42	39	34
河北	49	42	39	35
其他区域	36	37	37	37

三、征收消费税对经济增长的影响和分析

模拟政策冲击的结果显示，向制造业和煤炭生产和洗选业征收消费税对经济会有明显的影响，而且针对不同程度的生产税税率提高，京津冀地区GDP有不同程度的下滑。生产税税率提高越多，经济受到的抑制越强。而达到相同的治理程度情况下，提高生产税比硫税情景对经济的影响大，对经济的抑制程度也更大。

模拟结果还显示，河北省的经济受到的冲击最严重，这是因为该省高耗能产业比重高，煤炭消耗大；而北京市因工业比重低，受到的影响最小；天津市重工业比重处于北京与河北之间，所以受到的影响程度比北京高，比河北低，处于中间水平。三种情景中，只有SP3情景可以达到治理目标，在此情景之下，到2020年北京、天津、河北的地方GDP分别比基准情景下降1.12%、1.75%与2.34%，到2025年该比例比BAU情景低3.23%、5.22%与8.91%，到了2030年，情况比2025年有所好转，比BAU情景下降2.15%、5.02%与8.04%(见表8.9)。可见仅采用生产税一种手段，要达到治理目标，会给当地的经济造成很大的负面影响，甚至带来经济衰退，导致大量人口失业。因此，单纯地依靠征收消费税治理环境污染不是有效的政策选择。

相比之下，SP1情景与SP2情景的税收提高幅度不足以依靠这一种手段(单纯征收消费税)达到大气污染治理的目标。但是尽管如此，对高耗能行业征收消费税依然对大气污染治理有一定的效果，且经济受到的冲击小。至2030年在前两个情景下，北京、天津与河北经济增速比基准情景的增速分别下降0.55%、1.23%、2.05%和1.09%、2.47%、4.07%。

另外，由于京津冀地区的经济体量大约占到全国经济体量的1/10(GDP的比重)，因而在京津冀地区对工业与煤炭行业征收消费税，对全国的经济影响有限。到2030年，通过提高生产税使京津冀达到二级标准SP3情景的经济代价是使GDP增速比基准情景下降0.54%。在SP1情景与SP2情景下，更是只有0.12%与0.25%的负面影响(见表8.10)。

表 8.9　2017—2030 年征收消费税对地方 GDP 的影响

单位:%

年份	SP1 情景				SP2 情景				SP3 情景			
	北京	天津	河北	其他地区	北京	天津	河北	其他地区	北京	天津	河北	其他地区
2017	−0.97	−1.39	−2.01	−0.02	−1.60	−2.30	−3.30	−0.03	−2.69	−3.93	−5.61	−0.05
2018	−0.62	−0.88	−1.15	−0.01	−1.03	−1.50	−1.95	−0.01	−1.78	−2.65	−3.43	−0.01
2019	−0.44	−0.62	−0.79	0.01	−0.75	−1.08	−1.38	0.01	−1.31	−1.99	−2.54	0.02
2020	−0.36	−0.51	−0.69	0.02	−0.63	−0.92	−1.24	0.03	−1.12	−1.75	−2.34	0.05
2021	−0.33	−0.49	−0.69	0.03	−0.59	−0.91	−1.28	0.04	−1.06	−1.77	−2.46	0.07
2022	−0.31	−0.50	−0.74	0.03	−0.57	−0.96	−1.39	0.05	−1.06	−1.90	−2.71	0.08
2023	−0.29	−0.53	−0.78	0.03	−0.55	−1.01	−1.50	0.05	−1.06	−2.03	−2.97	0.07
2024	−0.27	−0.54	−0.81	0.03	−0.52	−1.05	−1.57	0.04	−1.04	−2.13	−3.16	0.07
2025	−1.11	−1.67	−2.95	0.01	−1.88	−2.91	−5.07	0.02	−3.23	−5.22	−8.91	0.04
2026	−0.83	−1.34	−2.24	0.01	−1.46	−2.44	−4.06	0.03	−2.64	−4.62	−7.55	0.05
2027	−0.68	−1.18	−1.97	0.02	−1.25	−2.25	−3.72	0.03	−2.35	−4.42	−7.19	0.06
2028	−0.60	−1.13	−1.92	0.03	−1.15	−2.22	−3.73	0.04	−2.22	−4.49	−7.32	0.07
2029	−0.57	−1.16	−1.97	0.03	−1.11	−2.31	−3.88	0.05	−2.17	−4.71	−7.66	0.08
2030	−0.55	−1.23	−2.05	0.04	−1.09	−2.47	−4.07	0.06	−2.15	−5.02	−8.04	0.09

注:相对于基准情景下的增速变动。

表 8.10　征收消费税对全国 GDP 的影响　　单位：%

年份	SP1 情景	SP2 情景	SP3 情景
2017	−0.19	−0.31	−0.52
2018	−0.11	−0.18	−0.31
2019	−0.06	−0.11	−0.20
2020	−0.04	−0.08	−0.15
2021	−0.04	−0.07	−0.14
2022	−0.03	−0.07	−0.15
2023	−0.04	−0.08	−0.17
2024	−0.04	−0.08	−0.18
2025	−0.22	−0.38	−0.66
2026	−0.16	−0.29	−0.55
2027	−0.13	−0.26	−0.51
2028	−0.12	−0.25	−0.51
2029	−0.12	−0.25	−0.52
2030	−0.12	−0.25	−0.54

注：相对于基准情景下的增速变动。

四、征收消费税对产出水平的影响和分析

我们知道对某产业征收消费税后，价格提高，需求下降，因而该产业产出会相应减少，可见，征收消费税有调节产业结构的作用，向高耗能产业征收消费税的目的就在于此。表 8.11 的冲击结果可以看出该影响。

表 8.11　2017—2030 年征收消费税税对产出的影响

单位：%

地区	产业类别	SP1				SP2				SP3			
		2017 年	2020 年	2025 年	2030 年	2017 年	2020 年	2025 年	2030 年	2017 年	2020 年	2025 年	2030 年
北京	农业	−0.56	0.51	0.07	0.08	−0.90	0.74	0.06	0.00	−1.49	1.01	−0.00	−0.27
	煤炭	−3.31	−6.49	−11.77	−17.19	−5.29	−10.16	−18.07	−25.71	−8.60	−15.82	−27.45	−37.44
	石油	−0.76	−1.61	−6.58	−13.06	−1.26	−2.74	−10.60	−20.74	−2.18	−4.82	−17.14	−32.22
	天然气	−2.37	−6.12	−15.11	−21.02	−3.87	−9.57	−22.78	−30.70	−6.50	−14.85	−33.40	−42.96
	制造业	−6.71	−8.54	−16.53	−18.57	−10.58	−12.93	−24.66	−27.20	−16.74	−19.28	−35.79	−38.57
	电力	−0.59	−0.12	−0.24	0.09	−0.94	−0.26	−0.38	0.07	−1.55	−0.58	−0.61	−0.04
	建筑业	−0.41	−0.10	−0.70	−1.03	−0.67	−0.19	−1.18	−1.80	−1.13	−0.37	−2.00	−3.14
	服务业	−0.36	0.68	0.79	1.69	−0.59	1.01	1.18	2.48	−1.00	1.47	1.74	3.55
天津	农业	0.05	2.96	2.96	4.87	−0.04	4.53	4.08	6.50	−0.38	6.83	5.09	7.72
	煤炭	−3.57	−5.82	−10.97	−16.24	−5.73	−9.26	−17.06	−24.65	−9.36	−14.78	−26.33	−36.48
	石油	0.13	3.46	7.31	14.12	0.20	5.38	11.57	21.97	0.29	8.26	18.28	33.66
	天然气	−0.11	3.00	5.63	9.08	−0.19	4.55	8.51	12.85	−0.35	6.62	12.32	16.36
	制造业	−5.33	−7.37	−14.17	−18.36	−8.50	−11.47	−21.84	−27.84	−13.74	−17.68	−33.23	−41.11
	电力	−0.92	0.36	−0.89	−1.67	−1.49	0.41	−1.50	−3.15	−2.51	0.21	−2.64	−6.07
	建筑业	−0.03	1.02	0.89	1.72	−0.08	1.51	1.22	2.19	−0.20	2.15	1.47	2.22
	服务业	0.10	2.77	4.36	6.43	0.12	4.31	6.76	9.65	0.11	6.59	10.36	14.01

续表

地区	产业类别	SP1				SP2				SP3			
		2017年	2020年	2025年	2030年	2017年	2020年	2025年	2030年	2017年	2020年	2025年	2030年
河北	农业	0.28	3.35	3.52	6.74	0.35	5.19	5.08	9.65	0.28	7.99	6.87	13.01
	煤炭	−5.22	−5.51	−11.54	−12.83	−8.26	−8.73	−17.75	−19.74	−13.16	−13.88	−26.88	−29.69
	石油	−0.54	1.83	3.97	14.08	−0.87	2.69	6.25	23.05	−1.43	3.67	9.51	36.71
	天然气	−0.85	3.20	6.94	11.60	−1.38	4.71	10.32	15.27	−2.32	6.36	13.84	14.89
	制造业	−6.78	−8.83	−18.41	−22.36	−10.79	−13.74	−28.22	−33.95	−17.38	−21.16	−42.27	−49.59
	电力	−2.23	−1.16	−4.36	−5.04	−3.60	−2.04	−6.98	−8.27	−5.95	−3.77	−11.17	−13.44
	建筑业	−0.08	1.77	2.38	4.22	−0.16	2.63	3.36	5.56	−0.35	3.70	4.32	6.32
	服务业	0.04	3.74	7.26	13.19	0.03	5.81	11.41	20.42	−0.05	8.86	17.64	30.57
其他地区	农业	−0.18	−0.19	−0.25	−0.20	−0.28	−0.30	−0.36	−0.28	−0.44	−0.46	−0.49	−0.34
	煤炭	−0.27	−0.36	−0.62	−0.77	−0.42	−0.56	−0.93	−1.13	−0.68	−0.84	−1.34	−1.59
	石油	−0.08	−0.39	−1.43	−3.27	−0.12	−0.60	−2.21	−5.04	−0.19	−0.90	−3.35	−7.65
	天然气	−0.17	−0.74	−1.84	−3.37	−0.26	−1.11	−2.76	−4.74	−0.41	−1.60	−3.90	−5.86
	制造业	0.33	0.66	1.32	1.86	0.53	1.03	2.06	2.86	0.85	1.60	3.16	4.29
	电力	−0.05	−0.12	−0.08	−0.10	−0.08	−0.17	−0.09	−0.11	−0.12	−0.23	−0.07	−0.07
	建筑业	−0.03	−0.09	−0.13	−0.17	−0.05	−0.14	−0.19	−0.22	−0.08	−0.20	−0.26	−0.25
	服务业	−0.18	−0.34	−0.77	−1.08	−0.28	−0.53	−1.20	−1.67	−0.46	−0.83	−1.86	−2.55

注：相对于基准情景下的增速变动。

(1)向煤炭与制造业产品征收消费税(模型中表现为提高煤炭与制造业产品生产税税率,下同),直接导致了这两个行业产出增速的下降,且税率提高越多,产出增速下降越大。在SP1情景中,北京市的煤炭行业与制造业的产出增速比BAU情景下降了17.19%和18.57%;天津市这两个产业的产出增速比BAU情景下降了16.24%和18.36%;河北省的这两个产业则分别比BAU情景下降了12.83%与22.36%。SP2情景下三地这两个产业产出降幅扩大。SP3情景中,为了达到治理目标,生产税率需要两次提高0.13个百分点,对产业产出的影响十分明显。对煤炭而言,京津冀三地的增速分别比基准情景下降幅度达到:37.44%、36.48%、29.69%;制造业的产出增速比基准情景分别下降38.57%、41.11%、49.59%。

(2)制造业与煤炭业高能耗,煤炭与制造业产品生产税率的提高使得两个产业产出减少,相应密集的能源投入需求下降。由于北京市煤炭消耗在化石能源中占比只有30%左右,所以其他两种化石能源消耗比重很高。提高制造业的生产税率导致较为密集的能源投入需求下降,在SP1情景中,到2030年北京石油、天然气两个能源产业增幅比BAU情景分别下降了13.06%、21.02%;在SP2情景中产业增幅比BAU情景分别下降了20.74%、30.70%;在SP3情景中,产业增幅更是比BAU情景分别下降32.22%、42.96%。

天津与河北的化石能源消耗主要以煤炭为主,其次是石油与天然气。煤炭生产税提高,导致煤炭购买价格上涨,从替代效应角度来讲,企业会加大替代能源的投入,因而替代能源的增速反而上升。SP1情景下,天津的石油与天然气的增速到了2030年比BAU情景分别提高了14.12%与9.08%;河北则是提高了14.08%和11.6%;SP3情景下,提高幅度更大,天津的石油与天然气产品增速分别比BAU增加33.66%与16.36%,河北分别提高36.71%与14.89%。作为耗能大户的煤炭业与制造业产出增速大幅下降,导致它们消耗的电力增速也相应下降。

(3)向煤炭业、制造业征收消费税,使得京津冀服务业得到很大程度的促进与发展。在SP3情景下,2030年北京、天津和河北的服务业的产出增速分别较基准情景提高了3.55%、14.01%和30.57%。此外,天津和河北的建筑业产出增速得到一定的提高。总而言之,对煤炭业与制造业征收消费税使得京津冀地区煤炭投入大幅减少、替代能源投入大幅增加;高耗能的制造业产出大幅下降,以及服务业产出水平大幅上升,可见提高生产税带来的能源结构与产业结构调整效果十分显著。

第四节　政策组合治理效果和影响

一、情景说明

本章第二、三节的模拟结果显示,仅依靠征收消费税或者征收硫税,理论上均能实现 2030 年PM2.5的治理目标,而且相比之下,二者对经济的影响各有不同。总的来说,经济对提高生产税的政策较为敏感,而对征收硫税的反应较为温和;从而导致采取生产税,对经济的损伤过大,而仅采取硫税一个手段,由于边际效用递减得较快,效果过于单薄。因而研究中,我们进一步尝试两税结合的效果:综合 SC1 情景设置为将 SS2 与 SP1 情景相结合,即 2017 年开始向北京、天津、河北分别征收 8000 元/吨、6000 元/吨与 13000 元/吨的硫税,2021 年将硫税税率翻一倍,2026 年再增加这么多,同时将 2017 年京津冀地区的煤炭业与制造业的生产税税率均提高 0.05%,2025 年再提高 0.05%。综合 SC2 情景是考虑税收对产业的抑制,把对天然气产业进行补贴的设置纳入进来,具体而言就是在上文 SC1 情景的基础上结合对天然气实施生产税减免 0.04%的补贴政策,模拟综合经济措施实施的结果。由于前面的研究结果证明依靠税收治理大气污染时,河北经济受到的损伤最大,考虑到环京津贫穷带本身减排的财政力量就不足,如若经济再受创,势必治理难度更大,经济将无法持续,因此本着谁受益谁付款的原则,研究中尝试进行区域利益补偿,也就是将北京、天津的一部分财政收入和资金,用以补偿这些经济困难地区,以初步验证转移补偿的效果。需要说明的是,受研究水平以及研究可得数据限制,本研究中所设置的区域补偿仅是政府对政府进行补偿。综合 SC3 情景就是考虑征收消费税、硫税以及进行区域利益补偿的综合情景,具体补偿设置为:2017 年开始,北京市政府每年向河北省政府转移 300 亿元;天津市政府每年向河北省政府转移 150 亿元。由于模型设置中未设成专款专用,因而只能起到经济补偿的作用。

以上情景设置详见表 8.12。

表 8.12 情景的设定及对应代码

情景代码	情景含义
SC1	硫税＋消费税:SS2＋SP1
SC2	包含补贴的硫税＋消费税:SC1 情景基础上,降低天然气行业生产税 0.04%
SC3	包含补贴的硫税＋消费税＋区域利益补偿:在 SC2 情景基础上,2017 年开始北京市政府每年向河北省政府转移 300 亿元;天津市政府每年向河北省政府转移 150 亿元

二、政策组合下的PM2.5治理效果

通过综合 SP1 与 SS2 的两种税收冲击,我们同样可以达到 2030 年将PM2.5年平均浓度控制在 35μg/m³ 左右的国家二级标准水平(见表 8.13)。三种综合情景的治理效果差别不大,所以用相同的趋势线表示,也可以看出对于大气污染的治理效果,主要依靠税收手段,而补贴与补偿政策的作用主要体现在缓和经济受到的冲击方面(见图 8.7)。

表 8.13 综合情景下各地 2030 年PM2.5浓度 单位:μg/m³

地区	BAU	SC1	SC2	SC3
北京	46	35.3	35.3	35.4
天津	48	34.8	34.8	34.9
河北	49	35.4	35.5	35.3
其他地区	36	36.8	36.8	36.9

三、政策组合对经济增长的影响与分析

表 8.14 显示到 2030 年,北京、天津与河北的 GDP 增速与基准情景的变化。SC1 情景模拟结果显示,双税政策下 2030 年全国的 GDP 增速会比 BAU 情景下降 0.22%;北京、天津与河北地区的 GDP 增速分别比基准情景下降 0.81%、1.81%、3.50%。可见,SC1 治理情景下对经济的影响居于 SS3 与 SP3 之间,比单纯使用硫税手段受到的影响大,也比单纯使用生产税治理经济受到的不利影响小。其中,河北省由于经济结构

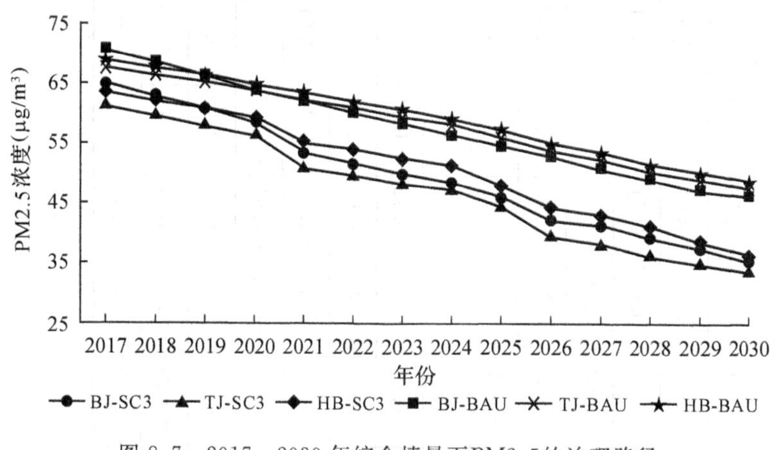

图 8.7　2017—2030 年综合情景下PM2.5的治理路径

落后，工业和高耗能产业所占比重过大，经济受到的冲击更加明显。在SC2 情景下，对天然气行业进行一定的补贴并不能明显降低河北经济受到的影响。但是在 SC3 情景下，河北省经济影响程度得到缓解。河北省的经济增速比基准情景下降了 2.92%，比未进行补偿前提高了 0.58%，不仅如此，从整个京津冀区域的角度来看，经济的负面影响得到降低，状况得到改善。

四、政策组合对各产业产出水平的影响和分析

在综合情景下，能源结构与产出结构受到了以下影响：

首先，能源产出受到的影响。煤炭产出量普遍下降，2030 年北京、天津、河北的煤炭产出有大幅下降，下降幅度三种综合情景的区别不大，大约是 31%、32%与 26%左右。石油、天然气的产出上，对天然气产业进行补贴（降低生产税）作用明显，北京、天津与河北天然气行业受到的冲击被很好地遏制，天然气产业得到保护。

其次，对产出结构的影响。在 SC1 综合政策冲击下，北京的农业与建筑业增速将比基准情景有小幅下降，降幅并不明显，到 2030 年仅为2.19%和 1.60%；而制造业增速则大幅削减，比 BAU 情景下的增速降低了 21.2%。根据模型模拟结果，服务业增幅不是很大，较基准情景将有1.9%的增加，这与北京服务业产出基数较高有关。在天津，情况稍有不同，天津的农业、建筑业与服务业产出得到提高，结果显示降幅比 BAU

表 8.14　2017—2030 年综合情景下全国及地方 GDP 受到的影响

单位：%

年份	SC1					SC2					SC3				
	全国	北京	天津	河北	其他地方	全国	北京	天津	河北	其他地方	全国	北京	天津	河北	其他地方
2017	−0.22	−1.06	−1.48	−2.43	−0.03	−0.22	−1.06	−1.48	−2.43	−0.03	−0.21	−1.47	−1.58	−2.26	−0.01
2018	−0.13	−0.68	−0.96	−1.43	−0.01	−0.13	−0.68	−0.96	−1.43	−0.01	−0.13	−0.91	−1.01	−1.32	−0.00
2019	−0.08	−0.50	−0.69	−1.02	0.01	−0.08	−0.50	−0.69	−1.02	0.01	−0.08	−0.64	−0.71	−0.92	0.01
2020	−0.06	−0.42	−0.59	−0.92	0.02	−0.06	−0.42	−0.59	−0.92	0.02	−0.06	−0.51	−0.59	−0.80	0.02
2021	−0.08	−0.48	−0.69	−1.41	0.02	−0.08	−0.48	−0.69	−1.41	0.02	−0.08	−0.57	−0.68	−1.25	0.02
2022	−0.07	−0.44	−0.70	−1.32	0.03	−0.07	−0.44	−0.70	−1.32	0.03	−0.07	−0.53	−0.67	−1.14	0.03
2023	−0.07	−0.42	−0.73	−1.34	0.03	−0.07	−0.42	−0.73	−1.34	0.03	−0.07	−0.52	−0.69	−1.13	0.03
2024	−0.07	−0.39	−0.75	−1.36	0.03	−0.07	−0.39	−0.75	−1.36	0.03	−0.07	−0.51	−0.72	−1.11	0.03
2025	−0.26	−1.25	−1.93	−3.59	0.01	−0.26	−1.25	−1.93	−3.59	0.01	−0.25	−1.41	−1.91	−3.22	0.01
2026	−0.25	−1.10	−1.80	−3.58	0.01	−0.25	−1.10	−1.80	−3.58	0.01	−0.24	−1.30	−1.79	−3.18	0.01
2027	−0.22	−0.93	−1.65	−3.21	0.02	−0.22	−0.93	−1.65	−3.21	0.02	−0.21	−1.16	−1.65	−2.77	0.01
2028	−0.21	−0.84	−1.62	−3.16	0.02	−0.21	−0.84	−1.62	−3.16	0.02	−0.19	−1.11	−1.63	−2.69	0.02
2029	−0.21	−0.81	−1.68	−3.29	0.03	−0.21	−0.81	−1.69	−3.29	0.03	−0.20	−1.12	−1.71	−2.77	0.03
2030	−0.22	−0.81	−1.81	−3.50	0.04	−0.22	−0.81	−1.81	−3.50	0.04	−0.20	−1.15	−1.85	−2.92	0.04

注：相对于基准情景下的增速变动。

表 8.15　2017—2030 年综合情景下各产业产出受到的影响

单位：%

地区	产业类别	SC1				SC2				SC3			
		2017 年	2020 年	2025 年	2030 年	2017 年	2020 年	2025 年	2030 年	2017 年	2020 年	2025 年	2030 年
北京	农业	−0.76	0.15	−1.09	−2.19	−0.76	0.15	−1.09	−2.20	1.24	2.51	1.79	−0.02
	煤炭	−6.75	−12.81	−23.67	−31.35	−6.75	−12.80	−23.66	−31.33	−7.92	−16.08	−25.61	−31.67
	石油	−1.48	−3.83	−14.66	−28.82	−1.48	−3.83	−14.65	−28.79	−1.42	−4.39	−15.02	−29.50
	天然气	−2.66	−6.65	−16.18	−21.46	1.53	2.25	−1.76	−6.84	2.66	3.81	0.57	−5.80
	制造业	−7.03	−8.99	−17.94	−21.24	−7.03	−8.99	−17.93	−21.23	−6.61	−9.31	−17.58	−20.79
	电力	−0.52	0.32	0.78	1.07	−0.52	0.32	0.79	1.09	0.01	1.55	1.85	1.34
	建筑业	−0.48	−0.17	−0.92	−1.60	−0.48	−0.17	−0.92	−1.61	−0.13	−0.03	−0.83	−1.58
	服务业	−0.44	0.67	0.88	1.87	−0.44	0.67	0.88	1.87	−0.42	0.40	0.73	1.64
天津	农业	−0.18	2.70	2.18	3.28	−0.19	2.70	2.16	3.25	2.88	4.15	4.53	4.23
	煤炭	−6.54	−11.19	−21.96	−31.57	−6.54	−11.18	−21.93	−31.49	−7.51	−14.60	−25.02	−32.42
	石油	0.00	3.39	7.83	16.03	0.00	3.39	7.82	15.99	1.12	5.04	10.08	18.04
	天然气	−0.92	1.11	−0.04	−1.81	2.48	11.00	19.33	31.04	5.07	13.49	22.51	34.11
	制造业	−5.64	−7.83	−15.56	−21.33	−5.64	−7.83	−15.57	−21.34	−5.59	−8.59	−15.95	−21.92
	电力	−1.12	0.40	−1.18	−3.93	−1.11	0.43	−1.08	−3.67	−0.17	1.04	−1.00	−4.24
	建筑业	−0.10	0.99	0.83	1.49	−0.10	0.99	0.83	1.47	0.53	1.29	1.18	1.47
	服务业	0.02	2.86	4.67	6.87	0.02	2.86	4.66	6.85	0.60	2.64	4.27	6.00

续表

地区	产业类别	SC1				SC2				SC3			
		2017 年	2020 年	2025 年	2030 年	2017 年	2020 年	2025 年	2030 年	2017 年	2020 年	2025 年	2030 年
河北	农业	−0.15	3.38	3.54	6.68	−0.15	3.38	3.54	6.66	−0.75	0.07	1.76	4.63
	煤炭	−9.50	−10.83	−20.83	−25.88	−9.50	−10.82	−20.81	−25.81	−10.50	−16.53	−24.92	−26.75
	石油	−1.16	0.65	1.28	12.37	−1.16	0.65	1.25	12.25	−1.31	−2.30	−4.70	4.60
	天然气	−2.22	0.70	−2.43	−13.48	1.54	11.64	30.79	60.30	2.99	9.30	22.00	47.73
	制造业	−7.68	−9.97	−21.47	−27.88	−7.68	−9.97	−21.47	−27.89	−8.94	−14.21	−25.46	−30.43
	电力	−3.86	−3.26	−9.23	−13.21	−3.85	−3.24	−9.17	−13.04	−4.23	−6.77	−12.06	−13.97
	建筑业	−0.22	1.93	3.01	4.79	−0.22	1.93	3.00	4.77	−0.05	1.14	2.25	4.16
	服务业	−0.21	4.08	8.70	15.79	−0.21	4.07	8.69	15.75	4.28	8.92	14.40	20.15
其他地区	农业	−0.18	−0.20	−0.26	−0.22	−0.18	−0.20	−0.26	−0.22	−0.11	−0.06	−0.17	−0.12
	煤炭	−0.50	−0.69	−1.17	−1.39	−0.50	−0.69	−1.17	−1.39	−0.56	−0.98	−1.36	−1.44
	石油	−0.14	−0.56	−2.02	−4.51	−0.14	−0.56	−2.02	−4.50	−0.24	−0.90	−2.50	−5.15
	天然气	−0.02	−0.33	−0.18	1.13	−0.35	−1.80	−5.19	−11.17	−0.65	−2.16	−5.14	−11.09
	制造业	0.36	0.72	1.50	2.21	0.36	0.72	1.50	2.22	0.44	0.89	1.70	2.36
	电力	0.06	0.15	0.59	0.82	0.06	0.15	0.58	0.80	0.08	0.30	0.72	0.84
	建筑业	−0.03	−0.10	−0.16	−0.19	−0.03	−0.10	−0.16	−0.19	−0.05	−0.11	−0.15	−0.18
	服务业	−0.19	−0.37	−0.89	−1.32	−0.19	−0.37	−0.89	−1.32	−0.24	−0.53	−1.05	−1.44

注：相对于基准情景下的增速变动。

情景下增速分别增加了3.3%、1.5%与6.9%，不过制造业增速则有21.3%的大幅降低。在这一政策情景下，河北省的农业、建筑业与服务业增速均得到较大幅度的提高——比基准情景分别提高了6.7%、4.8%与15.8%，制造业增速则比BAU低27.9%。可见，京津冀产业结构优化效果明显。

SC2情景在SC1的基础上缓解了天然气受到的冲击，北京市与河北省的天然气产出纷纷摆脱增速大幅下降的情况，天津市的天然气行业在补贴政策下，产出也大幅上升，说明在给天然气减税的政策下，天然气产业得到很好的保护。

SC3情景与SC1及SC2情景相比，由于北京与天津向河北省政府进行了利益补偿，补偿结果使得河北省制造业增速降低更多，而服务业增速提高更多，从而有利于河北省产业结构的进一步优化。

第五节 本章小结

本章基于上章构建的京津冀区域动态一般均衡模型模拟硫税、消费税、补贴，以及区域利益补偿情景的雾霾治理效果以及对经济的影响情况。

通过对前面九种政策冲击结果的比对，我们发现征收硫税或提高高污染行业的生产税税率(征收消费税)对雾霾治理的效果是非常显著的，研究证明理论上通过实施这些税收、补贴与区域补偿等治理政策，可以使京津冀地区的空气质量达到2030年将PM2.5年平均浓度控制在35μg/m³标准的治理目标。不仅如此，依靠征收硫税有助于京津冀地区的能源结构与产业结构进行优化与调整，具体而言，既使得煤炭产出增速大幅下降，高耗能产业产出受到抑制，而且对服务业等能耗低的行业的产出有明显的促进。

对高耗能、易污染的产品征收消费税，有利于提高这些产品的价格，改变民众的消费习惯，对污染行业产出的抑制以及服务业的促进更加明显，实现节能减排和减少污染的目的。研究发现，由于税收对天然气产生了较大的抑制，如果对天然气采取降低生产税的方法，那么这一补贴的政策对天然气行业有很好的支持作用，可以使天然气行业受到的冲击得到缓解。研究结果还证明了通过税收治理大气污染要付出较大的经济增长代价，而且在经济落后的河北省表现得尤为明显（见图 8.8），因此，为了减弱政策对河北经济的冲击，情景设置中将经济发达地区（受益者）向经济落后地区（贡献者）补偿考虑进来，作为综合情景 SC3。模拟结果显示，尽管本研究中还只是讨论地方政府对政府之间的利益进行补偿，该补偿方式对经济已有明显的促进作用，而且对产业结构优化具有促进作用。

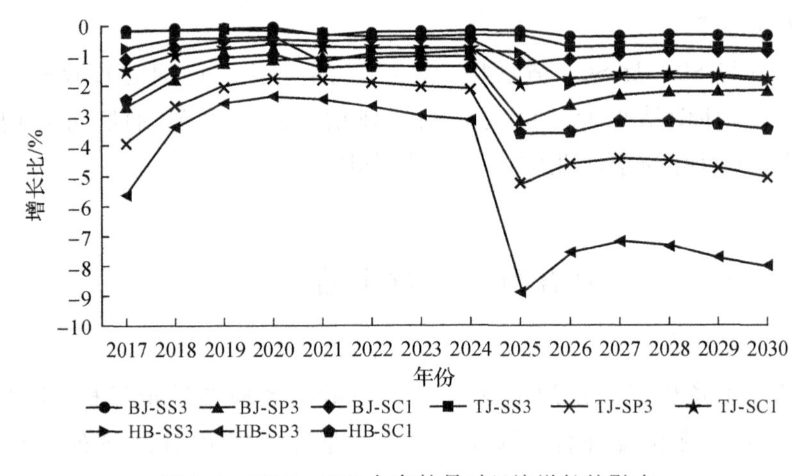

图 8.8　2017—2030 年各情景对经济增长的影响

综上，研究认为，一方面从征收环境税治理大气污染的角度考虑，可以不仅从供应侧征收硫税，还可以从需求侧征收消费税，双管齐下以达到抑制污染行业生产排放，从而达到降低PM2.5浓度的目的；另一方面，考虑到一些洁净能源受到的冲击以及地方经济受到的不利影响，建议使用产业补贴与区域利益补偿对以上冲击进行弥补，以抵消税收对经济产生的负面影响。总之，产业补贴、区域利益补偿与环境税相结合的方式是当前最为合适的大气污染治理经济手段。

本研究的不足之处在于：受数据可得性限制，本章节模型设定无法做到十分细腻和完善，并未考虑到经济的方方面面，因而很多政策的效果难以完全模拟出来。例如，模型中设定的是发达地区的政府向不发达地区的政府提供利益补偿，虽然模型运行结果确实验证了有正面影响，但实际上，这一方式的影响力有限，对于经济增长的帮助也有限。事实上，补偿对象如若设定为企业或者个人，又或者使用于与环保有关的投资领域，则兼具环保和经济增长双重效果，相信对污染的治理及经济的影响有更大的促进作用，这一点是未来进一步研究的方向。

第九章　研究结论与展望

第一节　研究结论

本书基于京津冀地区严重的雾霾污染以及中央新确定的京津冀协同发展和治理雾霾的大背景之下，针对该区域雾霾污染有关的一系列需要研究和解决的问题，研究了区域经济发展与大气污染之间的关系，提出了协同治理的对策，构建了 CGE 模型模拟政策的实施效果和对经济的影响，主要研究结论总结如下。

首先，本书对京津冀雾霾污染的形势与成因进行了深度分析，论述了北京、天津与河北三地雾霾污染物来源的异同，并将京津冀雾霾污染严重的主要原因归纳为三个方面：经济因素的影响、行政因素的影响和地理气候的影响。本书还重点运用数据分析了雾霾污染产生的经济原因：一是京津冀地区能源粗放型经济发展方式，及以煤为主的能源消耗特点；二是产业结构中高污染高能耗的工业比重过高；三是经济发展带来人们生活水平的提高，导致私人汽车增长过快。本书同时分析了行政因素及地理因素在雾霾污染中造成的影响，不过总体以经济因素为主，行政和地理因素为辅，且经济发展有关的问题是大气污染的根本原因，行政因素与地理因素是促成条件。

其次，本书创新性研究了京津冀地区大气污染与经济发展的关系。研究中选择人均 SO_2 排放与PM10为大气污染指标、以人均实际 GDP 为经济发展指标，分别采用 1985—2015 年与 2003—2015 年的时间序列数据，使用二次回归方程与三次回归方程相结合，模拟二者关系曲线。结果证明京津冀地区的人均 SO_2 排放与人均实际 GDP 的关系呈现倒 U 形曲线，符合环境库兹涅茨曲线（EKC）假设。而且进一步研究也证明北京、天津、河北均已越过拐点，显示三地均处于污染随经济增长而下降的阶段。不过，研究发现颗粒物浓度与经济发展的关系呈现的是不一样的结果。首先，北京的颗粒物污染—经济增长关系曲线是 N 形的；天津与石家庄（河北的代表城市）颗粒物污染—经济增长的关系曲线呈现 U 形。说明不论北京、天津还是河北，现阶段均处于PM10污染加重的过程中。考虑到PM10与PM2.5之间存在较为稳定的关系，说明PM2.5污染当前也处在随经济增长而加重阶段。我们分析该结果与 2008 年召开奥运会前后所采取的大气污染联防联控措施有关，奥运会期间北京与周边省市严防严控，使得空气质量空前提高，拉低了经济发展—大气污染曲线，只是奥运会之后经济缓慢恢复常态，大气污染也就加重和反弹了。研究认为这个发现非常重要，它说明除非政府采取必要的手段进行治理，企业与居民改变现有不环保的生产生活方式，否则，按照当前的形势，雾霾污染没有显现下降的趋势。

再次，本书对京津冀居民有关大气污染支付意愿进行了研究。书中采用条件估值法（CVM），对京津冀地区居民采取网络调研与面对面调研方式相结合，获取有效问卷 839 份，得到居民对雾霾污染的看法以及对当前政府治理雾霾有关政策的支持情况。研究希望通过了解居民改善空气的支付意愿，该估值可以作为大气污染为居民带来损失的估值参考。研究中通过建立 probit 模型与区间回归模型两部模型，估计京津冀居民的平均支付意愿为 602 元/年，相当于京津冀地方 GDP 的 1%。问卷调查的结果还反映出当前民众对大气污染治理的参与度与支持度都非常高，对政府现有的车辆限行、车牌摇号等相关政策都有较高的支持度。不过相对于这些已有的行政手段，民意还是更倾向于采取经济手段进行雾霾治理。所应注意的是，因网络调研所带来的样本选择现象，调研所集中的人群是受教育水平、收入水平双高的居民人群，这一人群即为研究估计对象。

调研中我们知道，京津冀地区目前处于随经济发展污染加重阶段，所以采取治理雾霾的措施十分关键，因此，本书对京津冀协同治理大气污染治理政策进行研究。首先从定性的角度研究京津冀协同治理大气污染的必要性与可行性，然后提出四项联防联控治理政策建议：一是京津冀地区采取一致的经济手段，征收环境税，给予清洁能源以补贴；二是进行产业转移，促进产业结构的升级与优化；三是推动区域内的利益补偿机制，补偿落后地区因污染治理给经济带来的不利影响；四是从交通控制的角度，提出以经济手段代替行政手段进行交通控制，以达到减少尾气排放的目的，该转变将为区域经济带来更多好处。

本书的最后通过建立京津冀区域动态 CGE 模型，模拟上述经济手段的治理结果和对经济发展的影响。研究发现仅仅通过向能源产品征收硫税，或者向高耗能产品征收消费税，理论上来说均能达到治理目标，但是对经济的负面冲击是显而易见的。研究认为，应将税收、补贴和补偿方式相结合。因为通过税收治理雾霾，受冲击最大的是落后地区的经济，所以应该通过发达地区向落后地区提供经济补偿，缓解落后地区受到的负面影响。而通过向清洁能源提供补贴则能起到保护清洁能源产业的作用，缓解受到的冲击。

考虑到京津冀的地理特征以及大气污染具有区域扩散的特性，本研究从京津冀一体化的角度出发，将产业转移以及区域间的价值补偿等因素囊括进来，分析这类政策对雾霾治理的影响，以及量化分析综合大气污染治理手段对经济的影响。

第二节　研究展望

尽管作者在本书涉及的研究过程中做了大量工作，取得了一些研究成果，但依然存在一些不足，有待未来的研究中进一步拓展与完善，总结出来有以下几个方面。

第一，正如第五章的小结中已说明的，在对京津冀居民对雾霾治理意愿研究中，由于出现样本选择的限制，使得研究存在一定的局限性。由于绝大部分样本来自于网络问卷，因而在样本选择上，就无法对其随机性有非常高的要求，对于使用网络，并自愿参与网络调研的人群而言，有许多受访者是希望交换填写网络问卷，因而更多地集中于有稳定工作的人群，而且这类人群一般受过一定程度的正规教育，收入颇高，导致样本较为集中，使得最终结果会出现样本选择偏误，对估计结果产生一定影响。

同样，第五章在研究中选择省会城市石家庄作为河北省的代表城市，很大程度上并不能很好地代表河北省的平均意愿。所以，解决方法使研究最后的估计值只能代表该人群所代表的居民阶层的真实治理意愿。

另外，研究因人力、财力有限，最终收到的有效样本只有839份，较显不足，对于研究京津冀这么大的区域，覆盖这么广的人群，最好采用大样本数据作支撑，会使结论更加丰满，估计结果也会更加显著，大样本数据的检验结果也会更好。

因此，未来的进一步研究中应注意：一是将问卷尽量发到各类人群手中，不同的收入水平、不同的工作状态和收入状态、不同的年龄层，保证问卷分配和完成的随机性。二是尽可能扩大样本数量，有了大样本作支撑，所获得的计量结果将会更加科学和可靠。

第二，本书在第七章与第八章中，存在以下不足和可进一步完善之处。

(1)CGE模型的构建中，顶层生产函数按照ORANI-G的方法设为里昂惕夫函数进行嵌套，其假设前提是投入品之间存在严格的互补关系，但实际生活中，投入品之间或多或少还是存在一定的互补关系的。例如一些能源投入间就有一定的互补性，因而对结论也会产生一定的影响，这是在假设中一个将来可以研究发展的方向。

(2)由于京津冀经济体量占到中国经济总量的10%左右，那么意味着其他地区的经济体量则为90%左右，比例相差悬殊，对模型运行结果会产生一定影响；而且京津冀的经济结构与全国的经济结构差别较大，这种情况下使得我们在部门划分方面无法做得足够细致，而是在部门划分中，未将制造业未区分出高耗能高排放的制造业与低耗能低排放的制造业，从而降低了模型运行结果的敏感性和有效性。因为在后续的分析中，无论是征收硫税还是征收特殊行业的消费税，均是对高耗能工业的影响显著超过对低耗能工业的影响，所以区分二者将使得结论更加符合事实经济。未来可以在该方面进行研究改进。

(3)在研究地区利益补偿时,受技术与数据方面的限制,仅考虑了地方政府之间进行利益补偿。实际上为了达到更好的治理效果,以及降低对经济的负面影响,可以考虑将补偿转移给受污染的居民或者补偿以绿色投资的方式转移给企业,从而实现专款专用。这一改进也是值得未来进一步研究的领域。

参考文献

薄文广,周立群.长三角区域一体化的经验借鉴及对京津冀协同发展的启示.城市,2014(5):8-11.

曹彩虹,韩立岩.雾霾带来的社会健康成本估算.统计研究,2015(7):19-23.

陈妍,杨天宇.北京经济增长与大气污染水平的计量分析.环境与可持续发展,2007(2):34-36.

陈剩勇,马斌.区域间政府合作:区域经济一体化的路径选择.政治学研究,2004(1):24-34.

代双杰.浅析欧美国家大气污染治理的经济激励政策.法制与社会,2014(13):104-105.

杜雯翠,宋炳妮.京津冀城市群产业集聚与大气污染.黑龙江社会科学,2016(1):72-75.

董小林.环境经济学.北京:人民交通出版社,2011.

范恒山.关于深化区域合作的若干思考.经济社会体制比较,2013(4):1-10.

顾向荣.伦敦综合治理城市大气污染的举措.北京规划建设,2000(2):36-38.

韩爱青.天津市颗粒物源解析结果公布 扬尘是最大污染源.城市快报,2014-08-23.

胡宗义,刘静,刘亦文.不同税收返还机制下碳税征收的一般均衡分析.中国软科学,2011(9):55-64.

江冰.区域协调发展要靠新型利益协调机制.中国改革,2006(2):

64-66.

金浩，张贵，李媛媛. 中国区域经济发展的新格局与创新驱动的新趋势——2014 中国区域经济发展与创新研讨会综述. 经济研究，2014(12)：180-184.

刘薇. 京津冀大气污染市场化生态补偿模式建立研究. 管理现代化，2015(2)：64-65.

冷雪. 碳排放与我国经济发展关系研究. 复旦大学博士学位论文，2012.

李克强. 关于深化经济体制改革的若干问题. 求是，2014(10)：3-10.

李瑞芳. 我国制造业集聚与大气污染关系的实证分析. 河南师范大学硕士学位论文，2012.

李瑞林. 区域经济一体化与产业集聚、产业分工：新经济地理视角. 经济问题探索，2009(5)：7-10.

李善同. "十二五"时期至 2030 年我国经济增长前景展望. 经济研究参考，2010(43)：2-27.

李雪妍. 将高污染产品纳入消费税征收范围的思考. 现代经济信息，2016(12).

李元龙. 能源环境政策的增长、就业和减排效应：基于 CGE 模型的研究. 浙江大学博士学位论文，2011.

林伯强，邹楚沅. 发展阶段变迁与中国环境政策选择. 中国社会科学，2014(5)：81-95.

马骏，李治国. PM2.5 减排的经济政策. 北京：中国经济出版社，2014.

马丽梅，张晓. 中国雾霾污染的空间效应及经济、能源结构影响. 中国工业经济，2014(4)：19-31.

马士国. 征收硫税对中国二氧化硫排放和能源消费的影响. 中国工业经济，2008(2)：20-30.

马士国，石磊. 征收硫税对中国宏观经济与产业部门的影响. 产业经济研究，2014(3)：51-60.

马艳，张峰. 利益补偿与我国社会利益关系的协调发展. 社会科学研究，2008(4)：34-38.

彭立颖,童行伟,沈永林.上海市经济增长与环境污染关系研究.人口资源与环境,2008(3):186-194.

彭水军,包群.经济增长与环境污染——环境库兹涅茨曲线假说的中国检验.财经问题研究,2006(8):3-17.

乔治·马丁内斯-维斯奎泽,弗朗索瓦·瓦利恩考特.区域发展的公共政策.北京:经济科学出版社,2013.

沈永昌,余华银.环境库兹涅茨曲线假说的中国检验——基于PSTR模型的实证研究.江南大学学报(人文社会科学版),2016(5):117-125.

邢元敏,薛进文,龚克."双城记"——京津冀协同发展研究系列.天津:天津人民出版社,2014:103-111.

文魁,祝尔娟.京津冀发展报告:城市群空间优化与质量提升.北京:社会科学文献出版社,2014.

于彦梅,耿保江.论京津冀区际生态补偿制度的构建.河北科技大学学报:社会科学版,2012(12):43-49.

孙久文,姚鹏.京津冀产业空间转移、地区专业化与协同发展——基于新经济地理学的分析框架.南开学报:哲学社会科学版,2015(1):81-89.

汪伟全.区域一体化、地方利益冲突与利益协调.当代财经,2011(3):87-93.

王凤娇.金融支持京津冀协同发展产业升级转移分析.石家庄:河北经贸大学学报(综合版),2015(3):101-104.

王薇薇.区域经济一体化的经济增长效应及模式选择研究.对外经济贸易大学博士学位论文,2007.

王遥,潘冬阳.京津冀协同治理,经济补偿很关键.环境经济,2015(24):20-20.

王茂林,刘秉镰.京津冀区域经济发展影响要素分析.现代管理科学,2015(9):9-11.

王金杰,周立群.新常态下区域协同发展的取向和路径——以京津冀的探索和实践为例.江海学刊,2015(4):73-79.

未江涛.京津冀都市圈利益补偿机制研究.产权导刊,2015(6):29-32.

魏巍贤,马喜立.硫排放交易机制和硫税对大气污染治理的影响研究. 统计研究,2015(7):3-11.

魏巍贤,马喜立. 能源结构调整与雾霾治理的最优政策选择. 中国人口·资源与环境,2015(7):6-14.

魏巍贤,马喜立,李鹏等. 技术进步和税收在区域大气污染治理中的作用. 中国人口·资源与环境,2016(5):1-11.

吴婷婷. 北京市代市长谈雾霾治理:今年十大举措铁腕治. 北京晨报,2017-01-08.

武亚军,宣晓伟. 环境税经济理论及对中国的应用分析. 北京:经济科学出版社,2002.

谢晓波. 地方政府竞争与区域经济协调发展的博弈分析. 社会科学战线,2004(4):100-104.

徐康宁. 区域协调发展的新内涵与新思路. 江海学刊,2014(2):72-77.

徐晓程等. 我国大气污染相关统计生命价值的 meta 分析. 中国卫生资源,2013(1):64-67.

杨开忠,白墨,李莹等. 关于意愿调查价值评估法在我国环境领域应用的可行性探讨——以北京市居民支付意愿研究为例. 地球科学进展,2002(3):420-425.

喻新安. 坚持"新常态"下的区域发展模式创新. 区域经济评论,2014(6):32-35.

臧秀清. 京津冀协同发展中的利益分配问题研究. 河北学刊,2015(1):92-196.

曾贤刚,谢芳,宗佺. 降低PM2.5健康风险的行为选择及支付意愿——以北京市居民为例. 中国人口·资源与环境,2015(1):127-133.

张帆,李东. 环境与自然资源经济学. 上海:格致出版社,上海人民出版社,2006.

张成,朱乾龙,于同申. 环境污染和经济增长的关系. 统计研究,2011(1):59-67.

张贵,王树强,刘沙,等. 基于产业对接与转移的京津冀协同发展研究. 经济与管理,2014(4):14-20.

中国科学院可持续发展战略研究组. 2013 中国可持续发展战略报

告:未来10年的生态文明之路.北京:科学出版社,2013.

中国统计局.中国统计年鉴.北京:中国统计出版社,2015.

周立群.创新、整合与协调——京津冀区域发展前沿报告.北京:经济科学出版社,2007:348-366.

朱启贵.区域协调可持续发展.上海:格致出版社,上海人民出版社,2008:120.

朱荣林.长三角经济互动对京津塘一体化的启示.管理评论,2003(8):7-10.

朱智洺.库兹涅茨曲线在中国水环境分析中的应用.河海大学学报(自然科学版),2004(4):387-390.

邹正方,李兆洁.低碳经济视角下的京津冀晋蒙区域经济合作:挑战与选择.重庆工商大学学报(社会科学版),2012(5):37-40.

Arrow K J, et al. "Report of the NOAA Panel on Contingent Valuation". Federal Register, 1993(58):48-56.

Aslanidis N, Xepapadeas A. "Smooth Transition Pollution Income Paths". Ecological Economics, 2006, 57(2):182-189.

Aslanidis N, Iranzo S. "Environment and Development: Is There a Kuznets Curve for CO Emissions?". Applied Economics, 2009, 41(6): 803-810.

Asian Development Bank (ADB), Cost Benefit Analysis for Development: A Practical Guide. Manila, Philippines: Asian Development Bank, 2013.

Bruyn S M D. Economic Growth and the Environment an Empirical Analysis. Amsterdam: Springer Netherlands, 2000.

Bao Q, et al. "Impacts of Border Carbon Adjustment on China's Sectoral Emissions: Simulations with a Dynamic Computable General Equilibrium Model". China Economic Review, 2013, 24:77-94.

Cameron T A, Michelle D J. "Efficient Estimation Methods for 'Closed-Ended' Contingent Valuation Surveys". Review of Economics & Statistics, 1987, 69:269-276.

Carlsson F, Stenman O J. "Willingness to Pay for Improved air

Quality in Sweden". Applied Economics, 2000, 32:661-669.

Dziegielewska D A P, Mendelsohn R. "Valuing Air Quality in Poland". Environmental & Resource Economics, 2005,30:131-163.

Duan N, et al. "A Comparison of Alternative Models for the Demand for Medical Care". Journal of Business & Economic Statistics, 1983, 1:115-126.

Day K M, Grafton R Q. "Growth and the Environment in Canada: An Empirical Analysis". Canadian Journal of Agricultural Economics/ Revue Canadienne D Agroeconomie, 2002,51: 197-216.

Egli H. "Are cross Country Studies of the Environmental Kuznets Curve Misleading? New Evidence from Time Series Data for Germany". Ernst Moritz Arndt University of Greifswald, Faculty of Law and Economics, 2002(4):1-29.

Eric J, et al. Climate Change Mitigation Policy: Willingness to Pay Estimates in the United States and China, University of Wisconsin Eau Claire, 2014.

Fæhn T. "A Shaft of Light into the Black Box of CGE Analyses of Tax Reforms". Economic Modeling, 2015, 49:320-330.

Grossman G M, Alan B K. "Environmental Impacts of a North American Free Trade Agreement". in The U. S. Mexico Free Trade Agreement, P. Garber, ed., Cambridge, MA: MIT Press, 1993.

Grossman G M, Alan B K. "Economic Growth and the Environment". The Quarterly Journal of Economics, 1995,110:353-377.

Holtz-Eakin D, Selden T M. "Stoking the Fires? CO_2, Emissions and Economic Growth". Journal of Public Economics, 1995, 57(1): 85-101.

Jamelske E, et al. "Comparing Climate Change Awareness, Perceptions, and Beliefs of College Students in the United States and China". Journal of Environmental Studies & Sciences, 2013, 3(3): 269-278.

Jamelske E, et al. "Examining Differences in Public Opinion on

Climate Change between College Students in China and the USA". Journal of Environmental Studies & Sciences, 2015, 5(2):87-98.

Roberts J T, Grimes P E. "Carbon Intensity and Economic Development 1962-1991: A Brief Exploration of the Environmental Kuznets Curve". World Development, 1997,25(2):191-198.

Lee Y J, et al. "Evaluating the PM Damage Cost Due to Urban Air Pollution and Vehicle Emissions in Seoul, Korea". Journal of Environmental Management, 2011,92(3):603-609.

Ndambiri H, et al. "Stated Preferences for Improved Air Quality Management in the City of Nairobi, Kenya". The European Journal of Applied Economics, 2015,12(2):16-26.

Ndambiri H, et al. "Comparing Welfare Estimates Across Stated Preference and Uncertainty Elicitation Formats for Air Quality Improvements in Nairobi, Kenya". Environment and Development Economics, 2016,1:1-20.

Ndambiri H, et al. "Scope Effects of Respondent Uncertainty in Contingent Valuation: Evidence from Motorized Emission Reductions in the City of Nairobi, Kenya". Journal of Environmental Planning and Management, 2017,1:1-25.

Panayoyou T. "Demystifying the Environmental Kuznets Curve: Turning a Black Box into a Policy Tool". Environment & Development Economics, 1997,27(2):465-484.

Baldwin R, et al. Economic Geography and Public Policy, Princeton University Press, 2003.

Selden T M, Song D. "Environmental Quality and Development: Is There a Kuznets Curve for Air Pollution Emissions?". Journal of Environmental Economics & Management, 1994, 27(2): 147-162.

Simpson S N, Hanna B G. "Willingness to Pay for a Clear Night Sky: Use of the Contingent Valuation Method". Applied Economics Letters, 2010,17(11):1095-1103.

Shafik N, Bandyopadhyay S. "Economic Growth and Environmental

Quality: Time Series and Crosscountry Evidence". World Bank Policy Research Working Paper, No. 904. 1992.

Bartz S, Kelly D L. "Economic Growth and the Environment: Theory and Facts". Resource and Energy Economics, 2008, 30(5): 115-149.

Ling T, et al. "Economic and Environmental Influences of Coal Resource Tax in China: A Dynamic Computable General Equilibrium Approach". Resources Conservation & Recycling, 2015.

Wan Y. Integrated Assessment of China's Air Pollution Induced Health Effects and Their Impacts on National Economy, PHD diss., Tokyo Institute of Technology, 2005.

Wang H, Mullahy J. "Willingness to Pay for Reducing Fatal Risk by Improving Air Quality: A Contingent Valuation Study in Chongqing, China". Science of the Total Environment, 2006, 267(1):50-57.

Wang X J, et al. "Air Quality Improvement Estimation and Assessment Using Contingent Valuation Method, A Case Study in Beijing". Environmental Monitoring & Assessment, 2006, 120(1):153-168.

Wang Y, Zhang Y S. "Air Quality Assessment by Contingent Valuation in Ji'nan, China". Journal of Environmental Management, 2009,90(2):1022-1029.

World Bank, World Development Report 1992: Development and the Environment, Washington, DC: The World Bank, 1992.

World Health Organization, WHO Air Quality Guidelines for Particulate Matter, Ozone, Nitrogen Dioxide and Sulfur Dioxide: Summary of Risk Assessment, Geneva, Switzerland: World Health Organization, 2006.

Xu Y, Masui T. "Local Air Pollutant Emission Reduction and Ancillary Carbon Benefits of SO_2, Control Policies: Application of AIM/CGE Model to China". European Journal of Operational Research, 2009,198(1):315-325.

附录

大气污染(雾霾)治理支付意愿的问卷调查结果

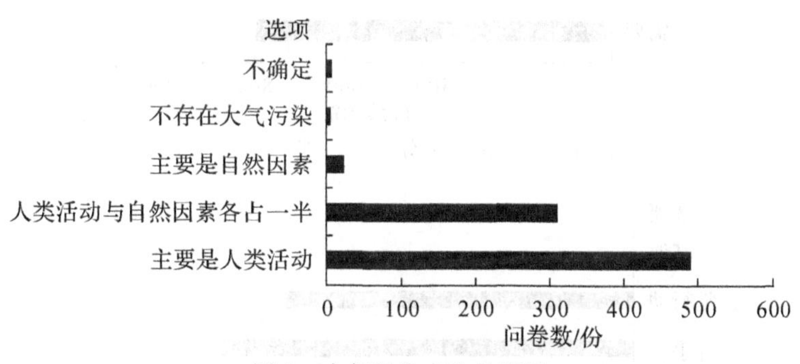

图1　大气污染产生的原因

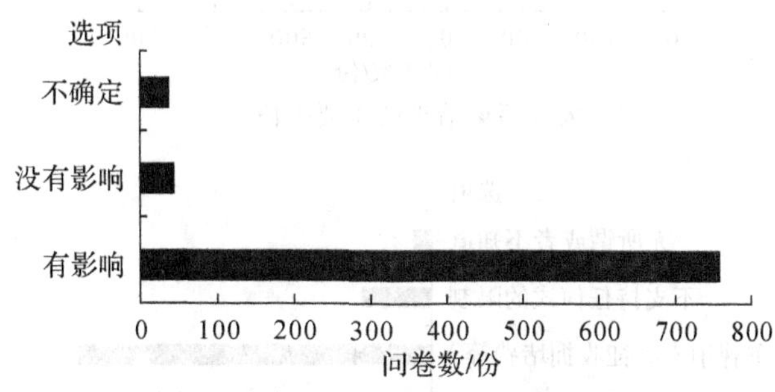

图2　大气污染对健康是否存在影响

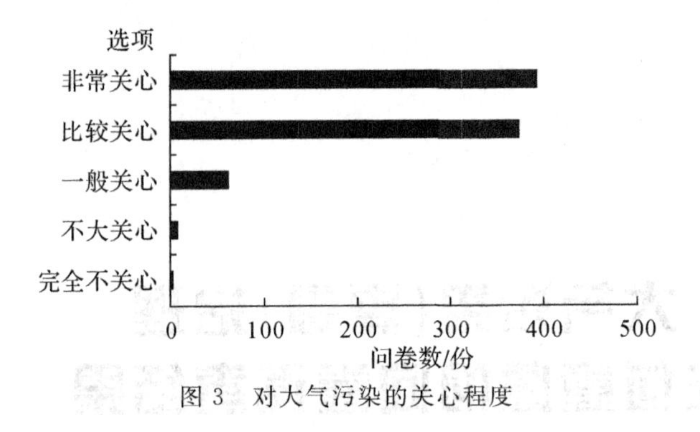

图 3　对大气污染的关心程度

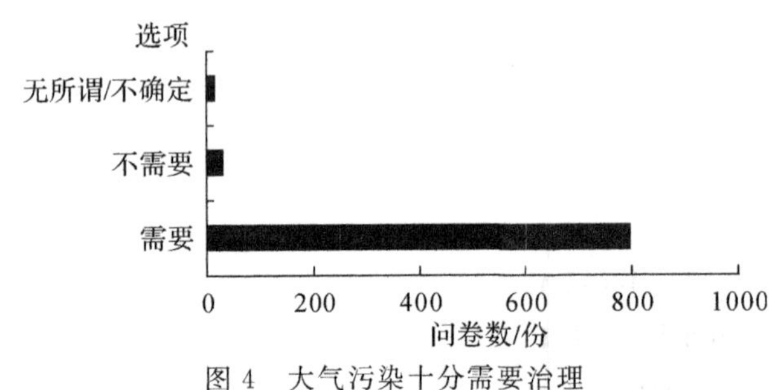

图 4　大气污染十分需要治理

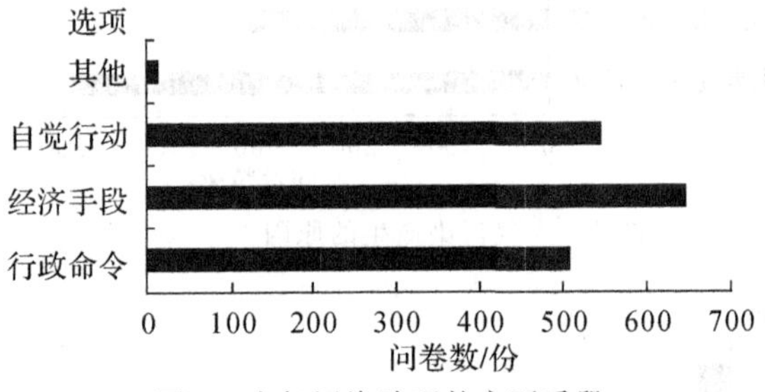

图 5　大气污染治理的主要手段

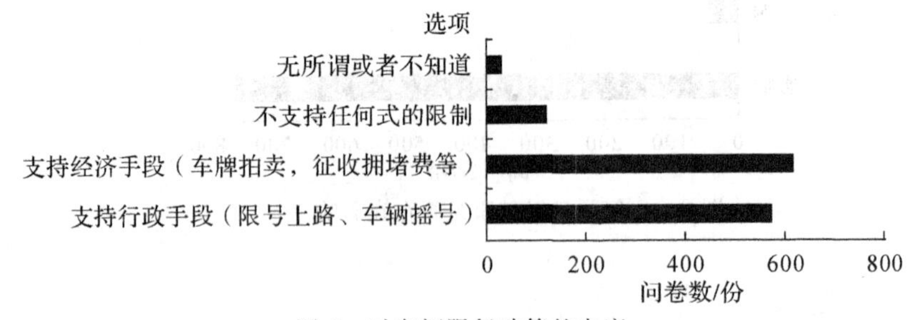

图 6　对车辆限行政策的态度

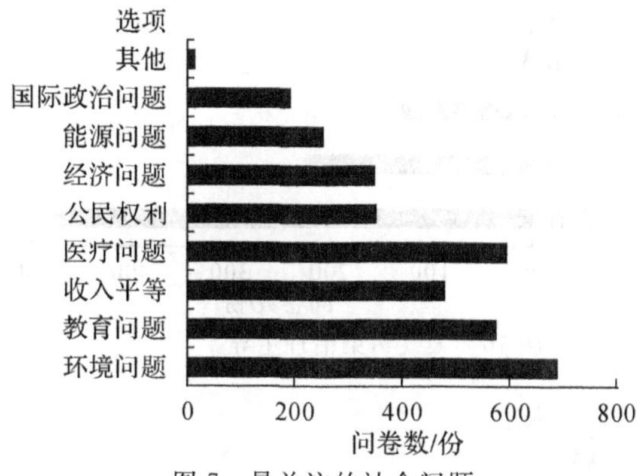

图 7　最关注的社会问题

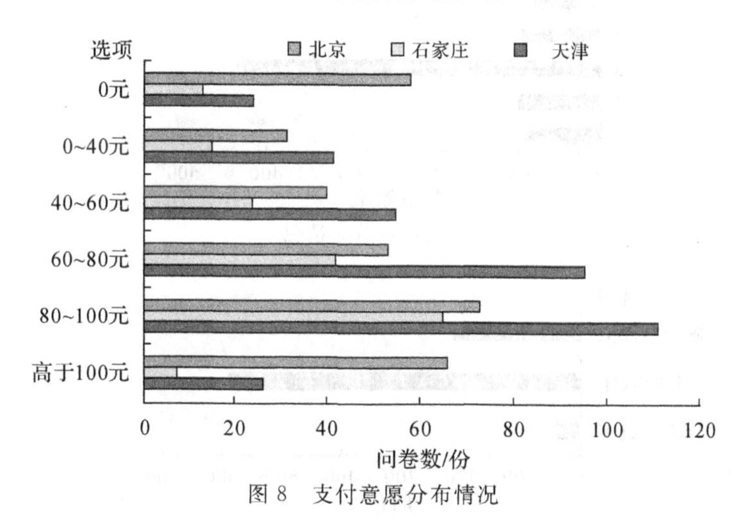

图 8　支付意愿分布情况

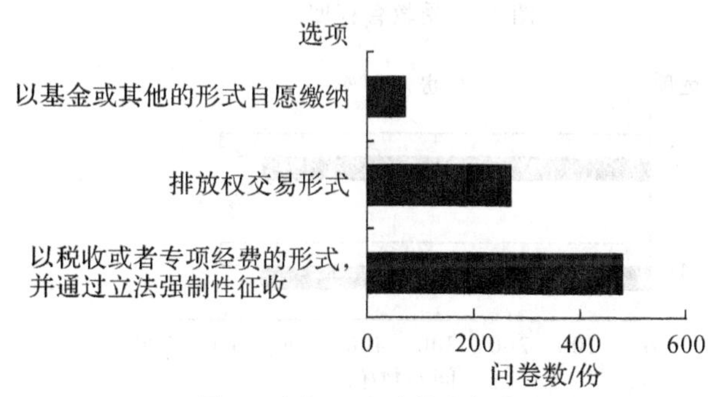

图 9　大气污染政策的倾向

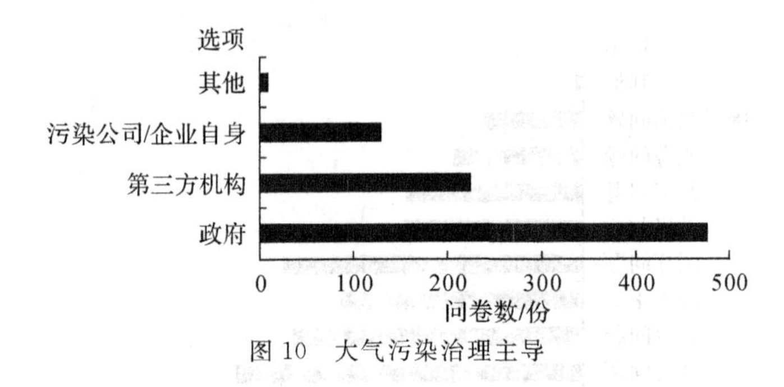

图 10 大气污染治理主导

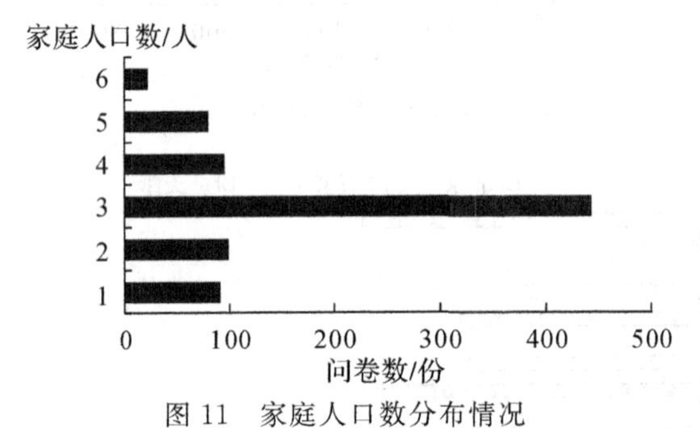

图 11 家庭人口数分布情况

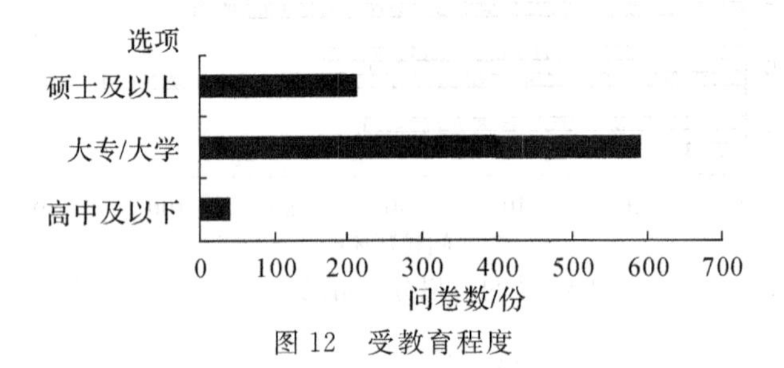

图 12 受教育程度

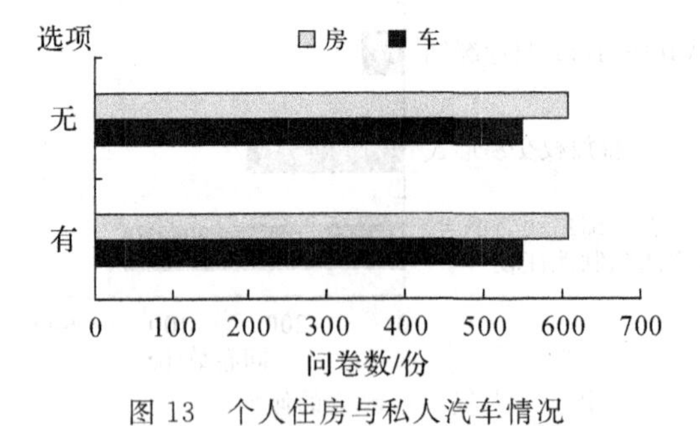

图 13 个人住房与私人汽车情况

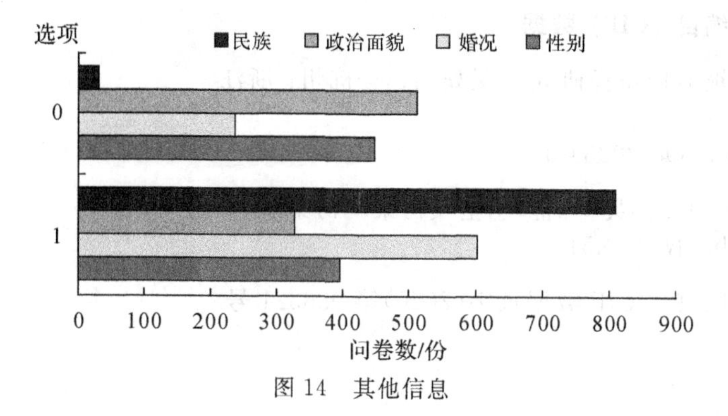

图 14　其他信息

图书在版编目（CIP）数据

京津冀雾霾治理路径研究 / 吴妍著. —杭州：浙江大学出版社，2020.6

ISBN 978-7-308-20234-3

Ⅰ.①京… Ⅱ.①吴… Ⅲ.①空气污染—污染防治—研究—华北地区 Ⅳ.①X51

中国版本图书馆 CIP 数据核字(2020)第 086321 号

京津冀雾霾治理路径研究

吴　妍　著

丛书策划
责任编辑　吴伟伟　weiweiwu@zju.edu.cn

责任校对　陈静毅　蔡晓欢

封面设计　木　夕

出版发行　浙江大学出版社

（杭州市天目山路 148 号　邮政编码 310007）

（网址：http://www.zjupress.com）

排　　版　浙江时代出版服务有限公司

印　　刷　浙江新华数码印务有限公司

开　　本　710mm×1000mm　1/16

印　　张　10.5

字　　数　166 千

版 印 次　2020 年 6 月第 1 版　2020 年 6 月第 1 次印刷

书　　号　ISBN 978-7-308-20234-3

定　　价　68.00 元
